パソコン作業をスピードアップ！
PC時短
知恵袋
Solid State
SSD
500GB
X
P
W
PCの
処理速度向上
Wi-Fiの
賢い使い方
ChatGPTで
メール作成

はじめに

「パソコン作業の時短テクニック」や「PC自体の速度を上げる」などしてPCを快適に使う方法を解説。

リモートワーク時に役立つテクニックや、PC小物を選ぶ際に役立つ規格についての知識など、時短以外でPCを快適に使うのに役立つライフハックも紹介。

単純作業の繰り返し、パソコンの処理速度の低下、ネット接続の遅延、USBケーブルの規格の取り違え……

これらの厄介事を一掃して、作業時間とイライラを削減しましょう。

I/O編集部

パソコン作業をスピードアップ！

PC時短知恵袋

CONTENTS

時短の知恵

この「第１部」では、マウスやキーボードといった「操作デバイスの小ワザ」や、Excelの「便利なショートカット」、「ChatGPT」に「メールの代筆を依頼する方法」を紹介します。

これらのテクニックを使いこなして、PC作業を効率化し、時短してしまいましょう。

第1章

マウス・キーボードの小ワザ

■本間 一

マウスとキーボードは、PC操作のもっとも基本的なデバイス。

基本操作さえ覚えれば、それなりにPCを使いこなせますが、さまざまな状況に適した「小ワザ」を覚えておくと、効率的に入力して、作業時間の短縮につながります。

操作デバイスの小ワザには、先人の知恵が詰まっています。

1-1 マウスの小ワザ

■マウス選択のポイント

●操作ボタンの数

「マウスの小ワザ」を活かすためにも、「使いやすいマウス」を選ぶことが先決です。

*

キーボードだけでもさまざまな操作ができますが、マウス操作が前提になっているアプリも多いため、やはりマウスは重要なデバイスの1つです。

マウスは、もちろん好みで選べばいいのですが、「**5ボタンマウス**」を基本として選ぶことをお勧めします。

より多くのボタンを装備したマウスでは、複数キーを同時に押す「キーボードショートカット」を、マウスのボタンに割り当てられるので便利です。

●ホイール

一般にマウスのホイール(スクロールホイール)は、回転させると“カチカチ”や“ゴリゴリ”などといった、軽い抵抗感があります。

そのようなホイールは「空転」しないので、アプリの画面をスクロールさせた際に、目的の位置で着実に止めることができます。

ただ、非常に多い行数をスクロールさせる場合には、ひたすらホイールを回転し続ける必要が生じて、指が疲れます。
「**フリースクロール機能**」があるマウスでは、マウス上のボタンの切り替えによって、ホイールのノッチが解放され、高速回転させることができます。

ホイールをフリー状態にすると、アプリ画面を高速にスクロールできるので、SNSサイトなど、行数の多いWebページの閲覧に便利です。

■ホイールの押下でWebページ操作

Webブラウザの画面上にポインタを合わせて、「ホイール回転によるスクロール操作」と、「[Ctrl]+[ホイール回転]による拡大/縮小の操作」はよく使われます。

また、Webページ上(リンクなどがない場所)で、ホイールを押下すると、ポインタの形が変わり、ポインタの移動に連動して、ページを上下左右にスクロールできます。
「スクロールモード」を終えるときは、任意の場所をクリックすると、通常のマウス操作に戻ります。

ホイールの押下機能を装備したマウスでは、より多くの操作方法が使えます。
ホイール押下機能が使えるかどうかは、実際にやってみれば分かります。

押下機能が使える場合は、ホイールを押下すると、ホイールが下に動いてクリック感があります。ホイールが下に動かない場合は、押下機能を装備していないマウスです。

●新しいタブを開く

Webページからリンクしている画像やテキストにポインタを合わせて、ホイールを押下すると、新しいタブにリンク先のページを、バックグラウンドで開きます。

[Shift]+[ホイール押下]の操作では、リンク先のページをフォアグラウンドで開きます。

●タブを閉じる

特定のWebページを閉じるには、タブの「×ボタン」をクリックする操作が一般的ですが、ホイールでも同じ操作ができます。

タブ上にポインタを合わせて、ホイール押下すると、そのタブが閉じます。

Webブラウザでタブをたくさん開くと、次第にタブ幅が狭くなり、表示中のページ以外の×ボタンの表示が隠れます。

タブのホイール押下では、「×ボタン」が隠れているタブを閉じることができます。

■ファイルのプロパティを素早く開く

エクスプローラで特定のファイルの「プロパティ」ダイアログを開くには、

①ファイル名またはアイコンを右クリック
②メニューから「プロパティ」をクリック

という手順が一般的。

[ALT]キーを押しながら、対象ファイルをダブルクリックすると、「プロパティ」ダイアログを素早く開くことができます。

■クリックロック

「**クリックロック**」は、マウスによるドラッグ操作をサポートする機能です。

「クリックロック」を有効にすると、「長押しのクリック」から次にクリックするまで、ドラッグ操作の状態が持続します。

「クリックロック」でドラッグするときは、マウスのボタンを「長押し」します。

「長押し」の操作は、ボタンを押下して、少し(数秒)待ってから放します。

その後に、ポインタを移動させてクリックすると、ドラッグを完了します。

「クリックロック」を設定するには、コントロールパネルの項目から「マウス」をクリックして、「マウスのプロパティ」を開きます。
「ボタン」タブの「クリックロックをオンにする」のチェックをオンにすると、「クリックロック」が有効になります。

「設定」ボタンをクリックすると、「クリックロックの設定」ダイアログが開きます。「短く/長く」のスライダを左右にドラッグして「長押し」の認識時間を設定します。

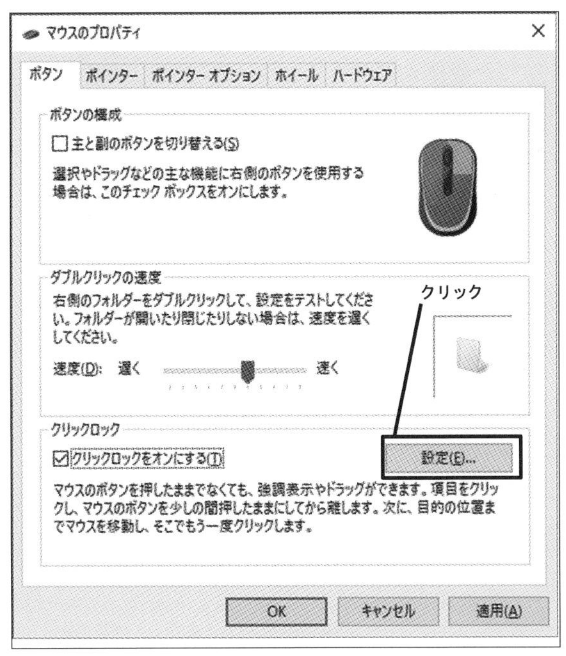

マウスのプロパティ

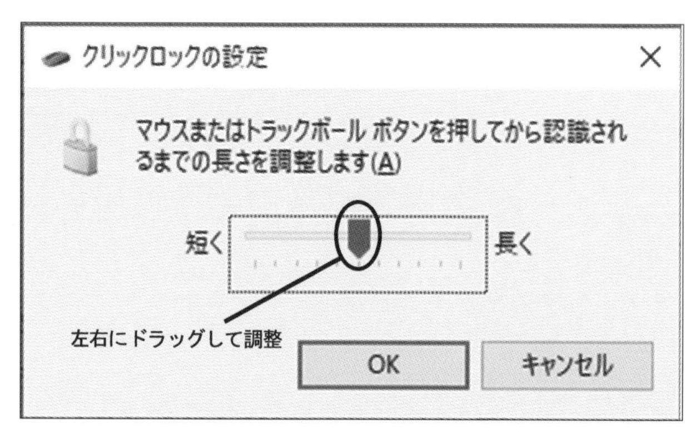

「クリックロックの設定」ダイアログ

1-2 キーボードの小ワザ

■[Windows]キーのショートカット

Windowsのロゴマークの[Windows]キーを押すと、スタートメニューが開きますが、その他にも多数のキーボードショートカットが設定されています。

その中から役立ちそうなショートカットを紹介します。

＊

[Windows] + [B]

タスクバーの通知領域のアイコンをフォーカスする。

矢印キーでアイコンを移動して、[Enter]でその内容を表示する。

[Windows] + [D]

デスクトップの表示と非表示を切り替え。

[Windows] + [Alt] + [D]

日付と時刻の表示と非表示。

[Windows] + [E]

エクスプローラを開く。

[Windows] + [G]

ゲームの実行中に「Xbox Game Bar」を開く。

[Windows] + [I]

Windowsの「設定」画面を開く。

[Windows] + [L]

PCをロックする。

[Windows] + [M]

すべてのウィンドウを最小化。

[Windows] + [Shift] + [M]

最小化されたウィンドウを復元。

[Windows] + [P]

プレゼンテーション表示モードを選択。

[Windows]+ [R]

「ファイル名を指定して実行」ダイアログを開く。

[Windows] + [S]

検索ツールを開く。

検索ツール

[Windows] + [Shift] +[S]

画面のスクリーンショットを撮る。

画面の一部分のキャプチャ画像を作りたいときに便利。

[Windows] + [T]

タスクバーのアプリのアイコンをフォーカスして、アプリを切り替える。

フォーカス中に[Windows] + [T]を繰り返すと、順次アイコンのフォーカスを移動できる。

また、フォーカス中は矢印キーで移動可能。

[Enter]またはサムネイルのクリックで、そのウィンドウを開く。

[Windows] + [U]

「設定」の「簡単操作」を開く。

「簡単操作」の設定画面では、ディスプレイの文字サイズやポインタのサイズなどを設定できます。

[Windows] + [V]

クリップボードを開く。

「履歴を表示できません」と表示された場合には、「有効にする」をクリック。

[Windows] + [X]

「クイックリンク」のメニューを開く。

[Windows] + [.](ピリオド)

「絵文字」パネルを開く。

「絵文字」パネル

[Windows] + [Pause]

「設定」画面の「システム」の「詳細情報」を開く。

[Windows] + [Tab]

「タスクビュー」を開く。
「タスクビュー」のフォーカスは矢印キーで移動可能。
[Esc]を押すと元の表示に戻る。

[Windows] + [↑]

カレントのアプリ画面を最大化。

※カレントとは、「現在、操作の対象になっている」という意味。

[Windows] + [↓]

カレントのアプリ画面を最小化。
アプリ画面が最大の場合には、元のサイズに戻る。

[Windows] + [+]（プラス）

「拡大鏡」を開いて画面を拡大。

[Windows] + [-]（マイナス）

「拡大鏡」で拡大した画面を縮小。

[Windows] + [Esc]

「拡大鏡」を終了。

[Windows] + [/]

IMEのテキストを再変換。

[Windows] + [Print Screen]

全画面キャプチャを「ピクチャ」の「スクリーンショット」フォルダに保存。

「スクリーンショット（数字）.png」のようなファイル名で保存される。

■「漢字変換候補」を素早く見つける

Windows標準の「IME」(Input Method Editor, 日本語入力ソフト)で、少ない文字数の「ひらがな」から変換操作をすると、多数の変換候補が表示される場合があります。

たとえば「い」を入力して変換する場合に、[スペース]キー(または[変換]キー)を1回押すと、最初の変換候補が表示され、もう1回押すと、縦表示の変換候補ダイアログが表示されます。

そのとき、変換したい漢字が下位にある場合には、漢字を見つけるのに時間がかかります。

＊

[スペース]キーを2回押して、変換候補ダイアログが表示されたときに、[Tab]キーを押すと、変換候補ダイアログの領域が広がって、多数の候補を閲覧できます。

その領域から候補を選ぶには、左右の矢印キーで列を移動してから、数字キーを押します。

また、「マウスホイールの回転で左右にスクロールして、候補をクリック」という操作もできます。

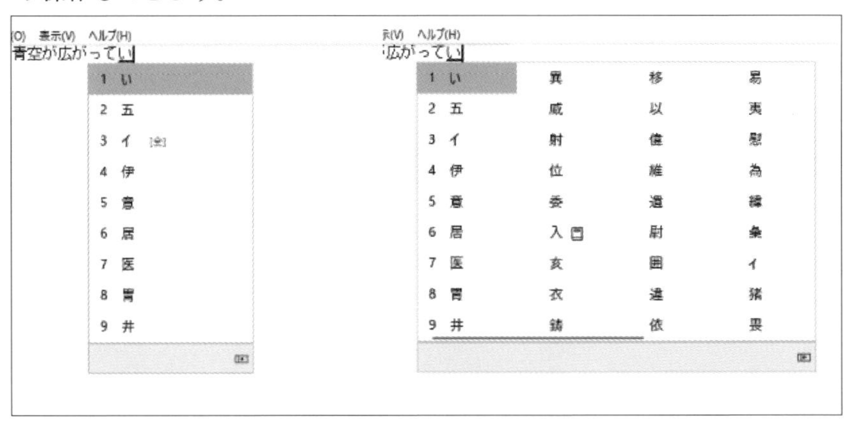

変換候補ダイアログの拡張
通常の変換候補表示(左)、タブキーで拡張(右)

■変換候補ダイアログを上に移動

「ひらがな」を入力してから[スペース]キーを連打した際に、変換候補ダイアログで、目的の漢字より下に行き過ぎてしまった場合には、[Shift] + [スペース]という操作で、前の候補に戻れます。

■閉じたページを開く

Webブラウザで操作ミスなどによりタブを閉じてしまった場合に、[Ctrl] + [Shift]+[T]の操作で、閉じたタブを復元できます。

[Ctrl] + [Shift]+[T]を押すたびに、過去に閉じたタブを順番に開きます。

ウィンドウ右上の「×ボタン」をクリックして、複数のタブをまとめて閉じた履歴がある場合には、そのウィンドウを復元できます。

■エクスプローラでファイル名を一括変換

たとえば、日付や特殊な文字列などを設定して、ファイル名を一括変換するような、高度な操作をしたい場合には、専用のファイル名変更ソフトなどが必要ですが、簡易的なファイル名一括変換は、エクスプローラでもできます。

たとえば、インターネットでダウンロードした画像ファイルには、意味のないランダムな名前が付けられている場合があります。

そのような複数のファイルに特定の名前を付けて、連番のファイル名に変換できます。

なお、エクスプローラによる一括変換では、「文字列(数値).拡張子」というファイル名になります。

*

エクスプローラでファイル名を一括変換するには、次のように操作します。

手　順

[1] 対象ファイルを特定のフォルダに保存して、先頭のファイルを選択。

[2] [Ctrl] + [A] でファイルを全選択する。

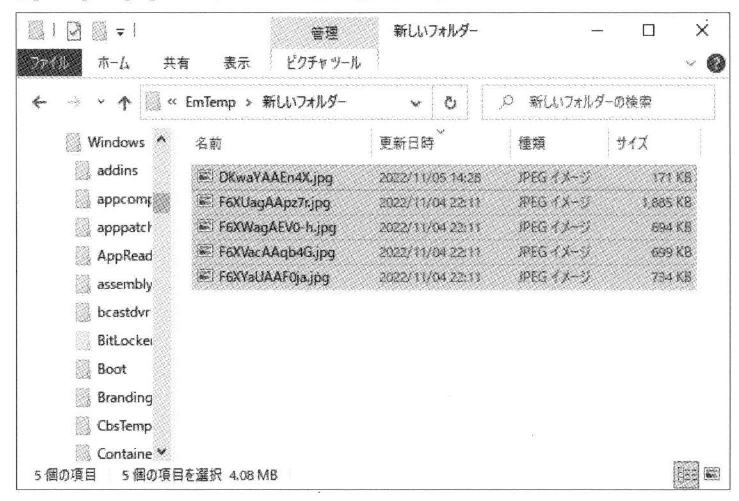

対象ファイルの選択

[3] ファイル名の入力

[F2] を押して、ファイル名を入力して、[Enter] を押す。

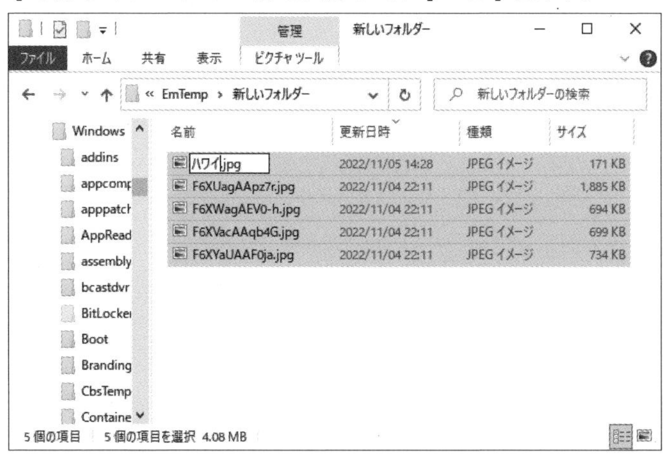

ファイル名の入力

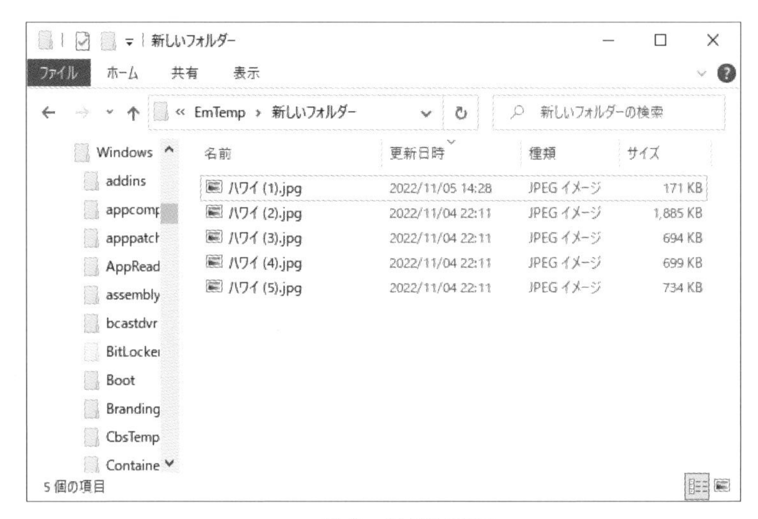

ファイル名一括変換の完了

第2章

知っておくと便利な「Excelの小ワザ」

■鈴木　伸介

Excelには、日頃よく使っている人でも意外と知らない「細かいテクニック」がたくさんあります。
ここではその中から、今すぐ使えるものを厳選して紹介します。さっそく使ってみてください。

2-1 セルの移動

Excelを操作していると、頻繁に「セルを移動」することになります。

すぐ左右や上下に移動するだけの場合は、「方向キー」を押すだけで充分ですが、表の左端や右端まで移動したいとき、あるいは先頭の行やいちばん下の行に移動したいときに、方向キーを押しっ放しにして移動していませんか？

そんなときに便利なのが、次のショートカットキーです。

左端の列に移動：[Ctrl] + [←] (Macは[⌘] + [←])
右端の列に移動：[Ctrl] + [→] (Macは[⌘] + [→])
上端の行に移動：[Ctrl] + [↑] (Macは[⌘] + [↑])
下端の行に移動：[Ctrl] + [↓] (Macは[⌘] + [↓])

これを知っているのと知らないのでは大違い。かなりの無駄な時間を短縮できるはずです。

2-2 複数のセル選択

続いて、「セル選択」で使えるテクニックです。

*

連続したセルをコピーするときや、関数内で「セルの範囲」を指定するときに、複数のセルを選択することがあるでしょう。

普段はマウスを使って、選択したい最初のセルをクリックし、[Shift] キーを押しながら最後のセルをクリックする、という人は多いと思います。

ただ、「手を移動させ、マウスを握る」動作は、けっこうな時間のロスです。

ここでは、「キーボードだけでセルを選択」する方法を紹介します。

*

操作は簡単。[Shift] キーを押しながら方向キーを押すだけです。

これで隣り合った複数のセルをいくらでも選択することができます。

*

この [Shift] キーを使った「セルの選択」と、先ほどの [Ctrl] を使った「セルの移動」とを組み合わせることで、次のような操作も可能です。

左端まですべて選択：[Ctrl] + [Shift] + [←]
(Macは[⌘] + [shift] + [←])
右端まですべて選択：[Ctrl] + [Shift] + [→]
(Macは[⌘] + [shift] + →)
上端まですべて選択：[Ctrl] + [Shift] + [↑]
(Macは[⌘] + [shift] + ↑)
下端まですべて選択：[Ctrl] + [Shift] + [↓]
(Macは[⌘] + [shift] + [↓])

さらに、次のようなショートカットキー操作も非常に便利です。

表をすべて選択：[Ctrl] + [A] (Macは[⌘] + [A])
行を選択　：[Shift] + [Space]
列を選択　：[Ctrl] + [Space]

これらを知っていれば、マウスを使わなくても一発で表や行や列を選択できます。

2-3 セルの編集

「セル内の文字や数値」を修正したい場合に、マウスを使ってポインタをそのセルに移動し、ダブルクリックしている人は多いと思います。

ただ、そうすると、カーソルがセル内の中途半端な位置に入ってしまい手間がかかる、ということは、誰しも経験があるのではないでしょうか。

そして、セル内のカーソルを左に移そうと[←]キーを押したら、選択セル自体が左に移動しちゃってイライラ、という経験がある人もいるかもしれません。

*

そんな人に朗報です。
編集したいセルを選択した後、[F2]キー(Macは[fn]+[F2])を押してください。するとなんとカーソルがセルのいちばん右端にきます。

このとき、「ステータスバー」の左端の表示を見ると、もともと「準備完了」だったものが「編集」に変わっているのが確認できると思います。

この「編集」の状態だと、方向キーを押したときに、ちゃんとこのセル内でカーソルが移動してくれます。

さらに、カーソルをセル内の先頭にもってきたいときは、[↑]キーを押すだけでOK。

同様に、セル内の最後にもってきたければ[↓]キーを押すだけです。

この操作は何気にすごく便利です。イライラすることもなくなるはずです。

2-4 セルのコピペ

Excelの最大の特徴の一つとして、「**オートフィル機能**」が挙げられるでしょう。

D3 =B3/C3

	A	B	C	D
1				(千円)
2		目標売上	売上実績	到達率
3	A店	147000	151042	0.97
4	B店	156000	164986	
5	C店	154000	157934	
6	D店	142000	154858	
7	合計			

D3 =B3/C3

	A	B	C	D
1				(千円)
2		目標売上	売上実績	到達率
3	A店	147000	151042	0.97
4	B店	156000	164986	0.95
5	C店	154000	157934	0.98
6	D店	142000	154858	0.92
7	合計			

オートフィル機能

これは、図のようにコピーしたいセルの右下にポインタを合わせると、「+」マークが黒く変わるので、その状態でドラッグすることで、参照を維持したままコピーされるというものです。

これを、マウスを使わずに操作する方法をお伝えしましょう。

たとえば、この例で、D4のセルにD3のセル(の数式)をコピーしたいとします。

その場合、D4のセルを選択した状態で、[Ctrl] + [D](Macの場合は[⌘] + [D])を押します。

すると、次の図のように、すぐ上のセル(にある数式)がコピーされます。

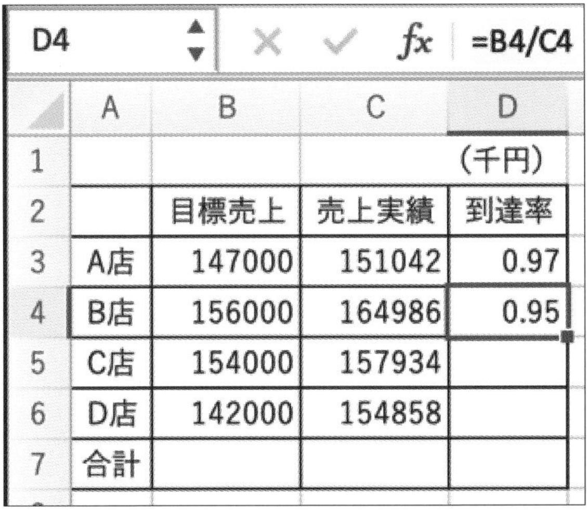

D4 | fx =B4/C4

	A	B	C	D
1				(千円)
2		目標売上	売上実績	到達率
3	A店	147000	151042	0.97
4	B店	156000	164986	0.95
5	C店	154000	157934	
6	D店	142000	154858	
7	合計			

D4のセルにD3のセル(の数式)がコピーされる

*

あるいは、たとえばD3のセル(の数式)をD6までコピペしたいときもあるでしょう。

その場合は、D3を選択した状態から、[Shift] + [↓]キーを押してD6までを選択し、[Ctrl] + [D] (または[⌘] + [D]) を押せば、D3のセル(の数式)をD6までのすべての列にペーストすることができます。

“Dは「ダウン」”と覚えておくとよいでしょう。

つまり、これまではマウスを使ってドラッグしていた「オートフィルコピー」が、キーボードの操作だけでできてしまうのです。

これは、右方向にコピーしたい場合も同じような操作ができます。

たとえば、下の図のB7のセル（の数式）を右隣のC7にコピペしたい場合は、C7のセルで[Ctrl] + [R]（Macの場合は[⌘] + [R]）を押します。

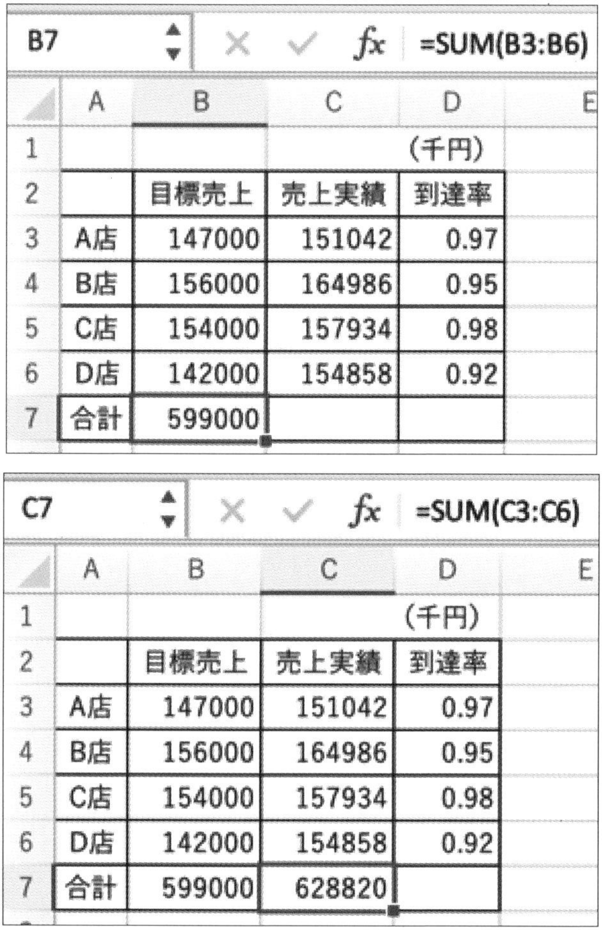

B7 =SUM(B3:B6)

	A	B	C	D	E
1				（千円）	
2		目標売上	売上実績	到達率	
3	A店	147000	151042	0.97	
4	B店	156000	164986	0.95	
5	C店	154000	157934	0.98	
6	D店	142000	154858	0.92	
7	合計	599000			

C7 =SUM(C3:C6)

	A	B	C	D	E
1				（千円）	
2		目標売上	売上実績	到達率	
3	A店	147000	151042	0.97	
4	B店	156000	164986	0.95	
5	C店	154000	157934	0.98	
6	D店	142000	154858	0.92	
7	合計	599000	628820		

セルのコピー

また、たとえばB7のセル（の数式）をD7までコピペしたいときも同様です。

B7を選択した状態から、[Shift] + [→] キーを押してD7までを選択し、[Ctrl]

+ [R](または[⌘] + [R])で、B7のセル(の数式)をD7までのすべての行にペーストすることができます。
"Rは「ライト」(右)"と覚えておくとよいでしょう。

2-5 セルの書式設定

Excelのもう一つの大きな特徴として、セルの「表示形式」が指定できることがあるでしょう。

「表示形式」とは、セルごとに「標準」「数値」「通貨」「日付」「パーセンテージ」「文字列」などが指定できるアレです。

これらは、「セルの書式設定」のメニューから指定することができますが、いつも右クリック→「セルの書式設定」をクリック、としていませんか?
これだと、やはり時間がかかってしまいます。

このショートカットキーも便利です。
[Ctrl] + [1] (Macは、[⌘] + [1])を押すと、一瞬で「セルの書式設定」が開きます。

「セルの書式設定」を開かなくてもOK

筆者がExcelでデータ分析を行なう際、割合の小数表記を「%」(パーセント)に直したり、表示桁数を変更することがよくあります。

これらは、「セルの書式設定」ウィンドウの「数値」や「パーセンテージ」から設定できるのですが、もっとラクにできる方法があります。

たとえば、次のD3セルの0.97を%表示にしたいとしましょう。

	A	B	C	D
1				(千円)
2		目標売上	売上実績	到達率
3	A店	147000	151042	0.97

到達率を%表示したい

その場合は、「ホーム」タブのリボンに「%」(パーセントスタイル)マークがあるので、これをクリックしましょう。

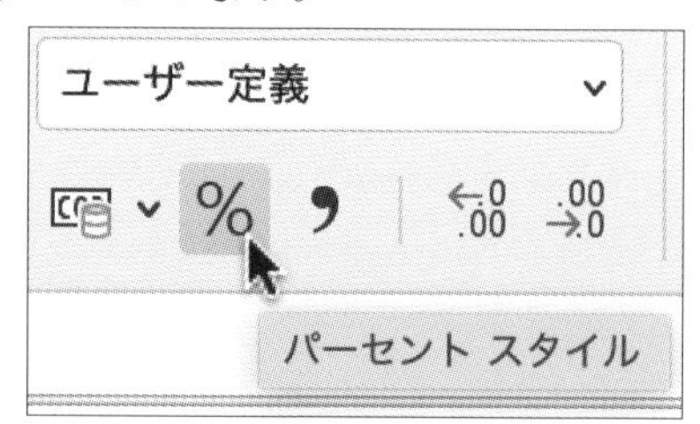

「%」をクリック

すると、図のように一発で%表記にしてくれます。

	A	B	C	D
1				(千円)
2		目標売上	売上実績	到達率
3	A店	147000	151042	97%

%表記になる

＊

次に、この%表記を小数第2位まで示したいとします。

この場合は、%の横にある「小数点表示桁上げ」をクリックしましょう。
2回押せば、図のように小数第2位まで表示してくれるようになります。

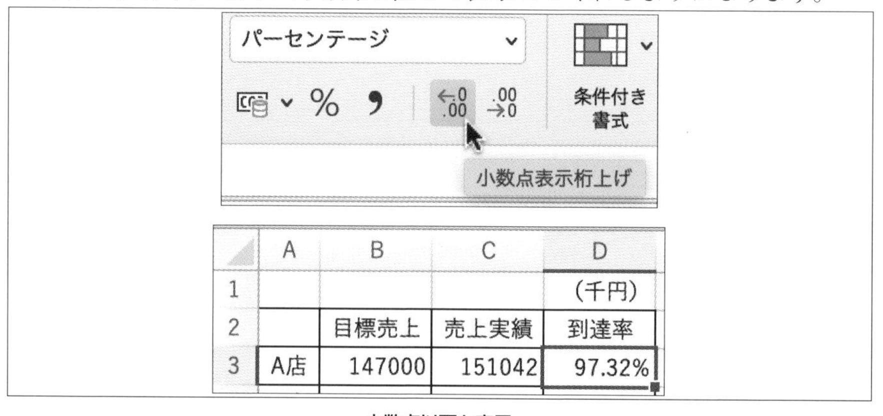

	A	B	C	D
1				(千円)
2		目標売上	売上実績	到達率
3	A店	147000	151042	97.32%

小数点以下を表示

＊

最後に、金額などの数値に桁区切りの「,」を入れたいケースも多くあるでしょう。

たとえばB3の147000に3桁ごとに「,」をつけたい場合は、同じ場所にある「桁区切りスタイル」をクリックします。

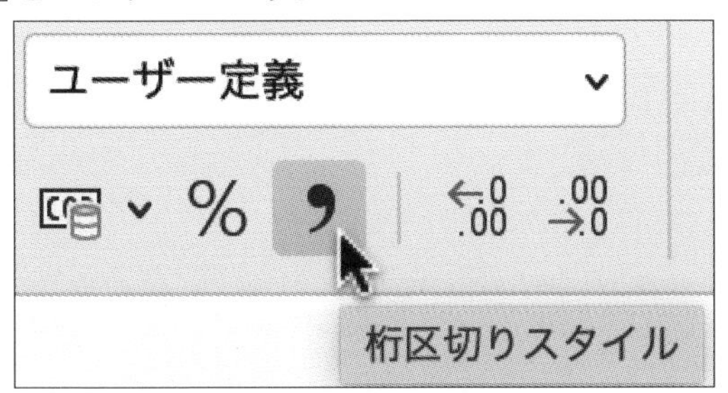

桁区切りスタイルのボタン

すると、次のように一瞬で桁区切りの「,」が挿入されます。

	A	B	C	D
1				(千円)
2		目標売上	売上実績	到達率
3	A店	147,000	151042	97.32%

桁区切りが表示される

＊

いかがでしたでしょうか。

1つ1つの操作の差はわずかでも、これを繰り返しやっていれば、その作業効率の差は歴然なものになっていくでしょう。

「知らなかった！」というものがあれば、ぜひ今すぐ取り入れてみてはいかがでしょうか。

第3章

「Power Query」を上手に使う方法

■鈴木　伸介

Excelに標準で搭載されている「Power Query」を使うことで、さまざまな形式で散らばっている「表データ」を、Excelで取り込むことができます。

また、表の「レイアウト変更」や「結合」なども自由に行なえます。

3-1　Excelでの集計は「テーブル」が便利

Excelで「表データ」を使って「数値分析」をしたい場合、表を「**テーブル化**」しておくと便利です。

特別な理由がない限り、テーブルの設定を心掛けておくといいでしょう。

■テーブルの設定方法

手　順

[1] 表の任意のセルを選択し、「挿入」タブの「テーブル」をクリックします。

[2] 「表のデータの範囲」を確認し、「先頭行をテーブルの見出しとして使用する」にチェックが入っていれば、「OK」をクリックします。

これで、テーブルが設定されました。

■テーブルの特徴

表を「テーブル化」することで、主に以下のような利点があります。

- 一行ごとに色分けされるため見やすくなる。
- 自動でフィルタ機能が設定される。
- 列や行の集計を簡単に実行してくれる。
- 行や列を追加すると、自動でテーブルが拡張される。

3-2 表を取り込むのに便利な「Power Query」

Excelには、あらかじめ「Power Query」という機能が備わっています。

これによって、Excelデータや「CSVファイル」から読み込んだ「表」(テーブル)の形を整えたり、表同士を結合させたりすることができます。

さらには、PDFやWeb上にある「表データ」もExcelのテーブルに変換してくれます。

これまで手作業でやっていたデータの収集が、「Power Query」を使うことで格段に効率的になることは間違いないでしょう。

＊

なお、ここで紹介する「Power Query」の機能はExcel2019以降で使用できるものです。

それ以前のバージョンは一部機能が制限されるので、ご注意ください。

3-3 「CSVファイル」を「Power Query」で取り込む

まずは、「Power Query」を使って、「CSVデータ」を取り込み、テーブルを作ってみましょう。

手　順

[1] 新規ブックを開き、「データ」タブから「データの取得」→「ファイルから」→「テキストまたはCSVから」と選択します。

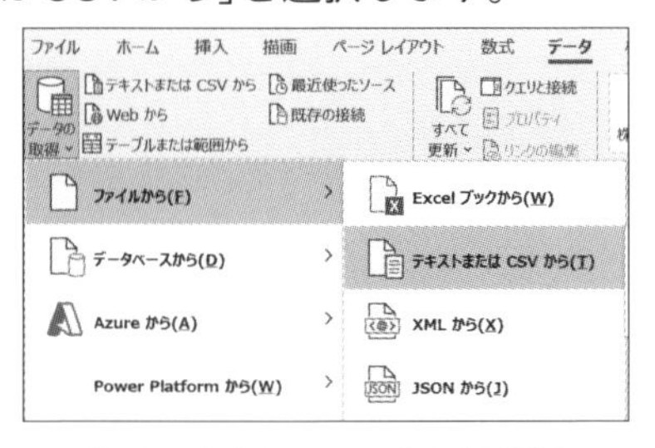

「テキストまたはCSVから」を選択

[2] 取り込みたい「CSVファイル」を選択し、「インポート」をクリックします。

[3] プレビュー画面が表われます。
「データの変換」をクリックしましょう。

[4] すると、「Power Queryエディタ」が開きます。

「Power Queryエディタ」が開く

[5] ここでは、さまざまな機能を使って表の設定ができます。
いったん今回は、そのままテーブルを作成しましょう。

「閉じて読み込む」をクリックします。

[6] すると、「CSVデータ」が「Excelのテーブル」に変換されます。

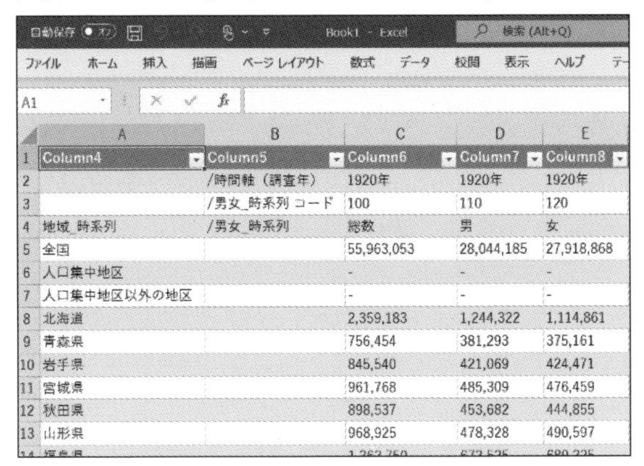

	A	B	C	D	E
1	Column4	Column5	Column6	Column7	Column8
2		/時間軸（調査年）	1920年	1920年	1920年
3		/男女_時系列 コード	100	110	120
4	地域_時系列	/男女_時系列	総数	男	女
5	全国		55,963,053	28,044,185	27,918,868
6	人口集中地区		-	-	-
7	人口集中地区以外の地区		-	-	-
8	北海道		2,359,183	1,244,322	1,114,861
9	青森県		756,454	381,293	375,161
10	岩手県		845,540	421,069	424,471
11	宮城県		961,768	485,309	476,459
12	秋田県		898,537	453,682	444,855
13	山形県		968,925	478,328	490,597

「CSVデータ」が「Excelのテーブル」になる

3-4 「Power Query」で「列データ」を結合／分割

「Power Query」を使えば、Excelの「列データ」を「結合」させたり、逆に「分割」させたりすることができます。

「CSVデータ」を使う場合、手順は上記の[1]～[4]までと同じです。

Excelのデータを使う場合は、上記の[1]で、「データ」タブから「データの取得」→「ファイルから」→「Excelブックから」を選択します。
その後の操作は、上記の[4]までと同じです。

■列データを結合する

ここでは、「Power Queryエディタ」を使って列を結合する操作を説明します。

たとえば、B列に「姓」、C列に「名」が入っていた場合などに、姓名を1つの列に収めたい、といった場合などに便利です。

手　順

[1] 上記の手順に沿って、列を結合したい表を含むブックを「Power Query エディタ」で開きます。

[2] 結合したい複数の列を選択し、「変換」タブの「列のマージ」をクリックします。

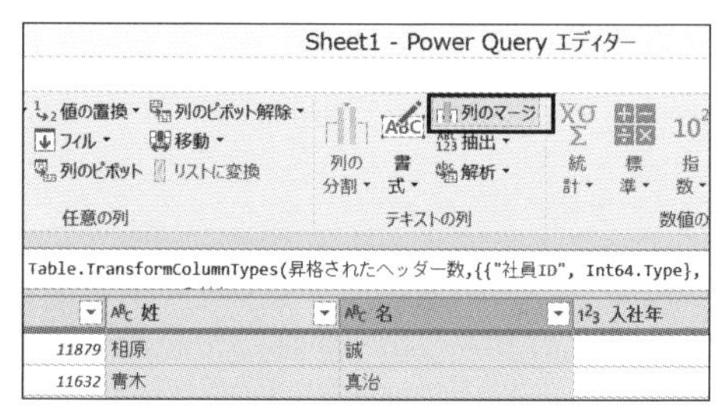

「列のマージ」をクリック

[3] 続いて「区切り記号」を選択します。
「なし」でもいいですし、「コロン」や「スペース」も設定できます。

[4] 「OK」をクリックしましょう。
結合された列が新たに作成されているのが確認できます。

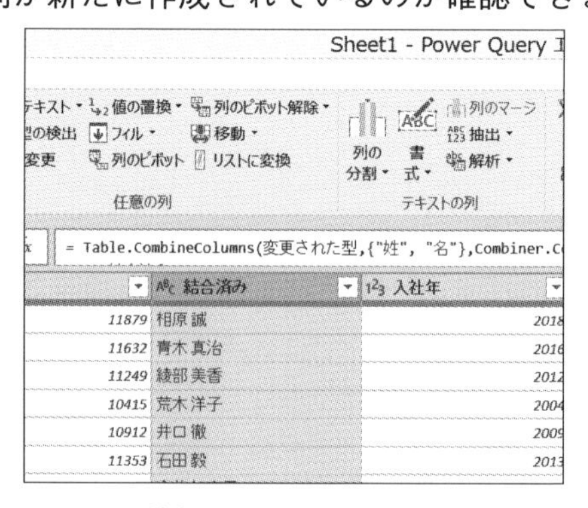

結合された列が新規に作成

[5] 完成したら、「ホーム」タブの「閉じて読み込む」をクリックすれば、列が結合されたExcelのテーブルが出来上がります。

■「列データ」を分割する

逆に、列を分割させることもできます。

たとえば、１つの列に「姓」と「名」が入っている場合に、それを「姓」の列と「名」の列に分けることができます。

ただし、この場合、元のデータにスペースなどの分けられる目安が存在している必要があるので、注意しましょう。

手　順

[1] 列を分割したい表を含むブックを「Power Query エディタ」で開きます。

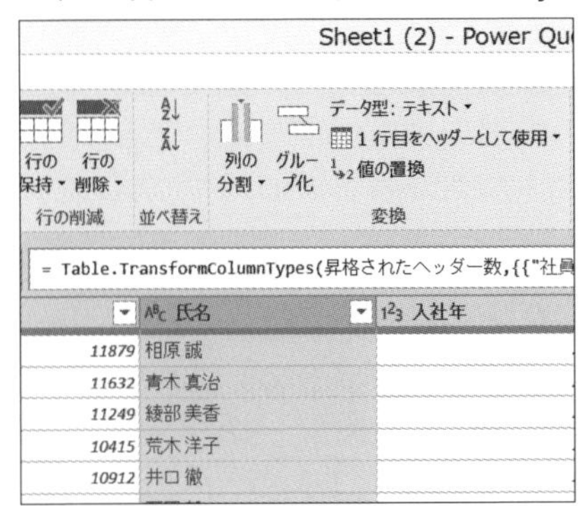

分割したい表を含むブックを開く

[2] 分割したい列を選択し、「ホーム」タブの「列の分割」→「区切り記号による分割」をクリックします。

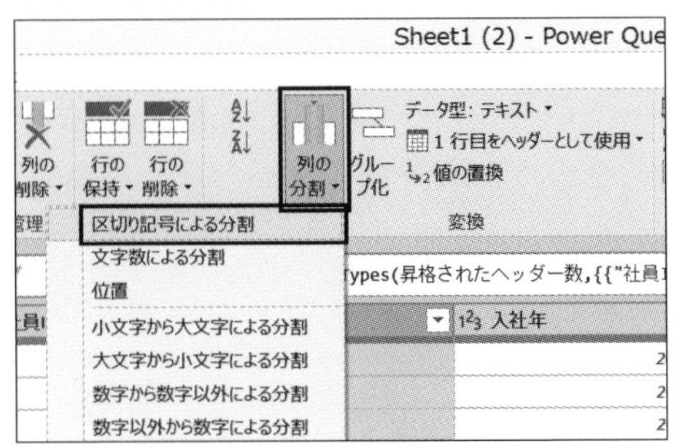

「区切り記号による分割」をクリック

[3] 区切り記号が「スペース」になっているのを確認し、「OK」をクリックすると、列が分割されます。

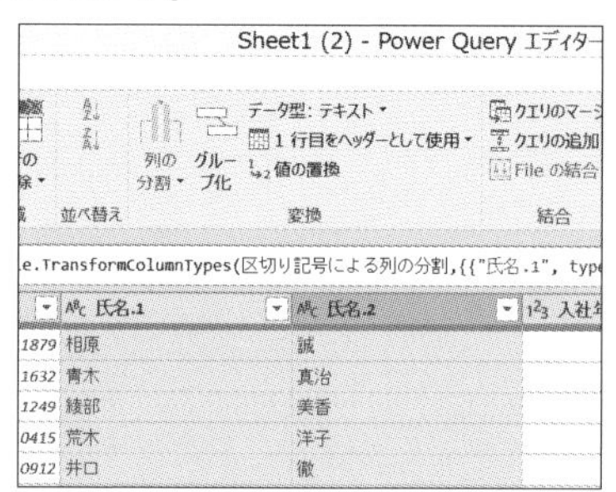

列が分割される

3-5 「Power Query」は「表の結合」もできる

「Power Query」ではさらに、「Excelの複数の表を連携させたり」、複数のブックやシートで「バラバラに管理された表を1つにまとめる」こともできます。

■複数のシートにまたがる表を結合する

「Power Query」を使ってさまざまな表の操作ができるのですが、ここでは活用する場面が多く想定される、バラバラなシートを1つにまとめる手順を紹介します。

＊

ただし、表を結合させるためには、各シートの表の列見出しがそろっていることが必須条件です。注意しておきましょう。

手　順

[1] 新規のブックを起動し、「データ」タブから「データの取得」→「ファイルから」→「Excelブックから」をクリックします。

[2] 結合したいシートを含むExcelファイルを選択し、「インポート」をクリックします。

[3] ナビゲーター画面で、「複数のアイテムの選択」にチェックを入れ、結

合させたい表を含むシートにすべてチェックを入れます。

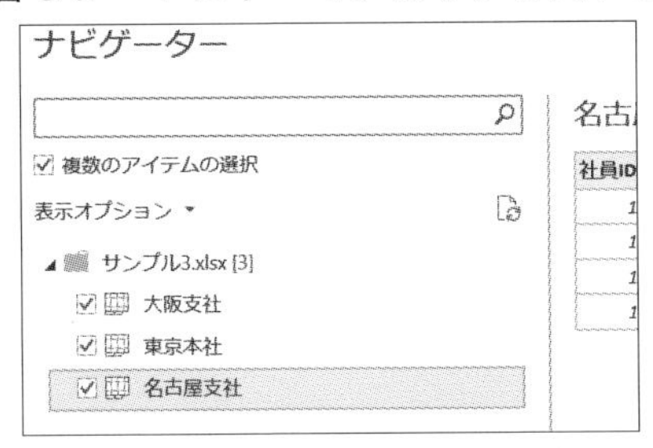

結合させたい表を含むシートをすべてチェック

[4]「データを変換」をクリックします。

[5]「Power Query エディタ」が開くので、「ホーム」タブのから「クエリの追加」→「クエリを新規クエリとして追加」をクリックします。

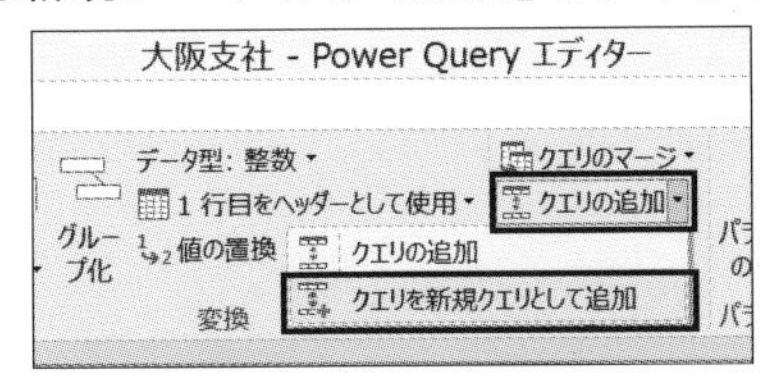

「クエリを新規クエリとして追加」をクリック

[6]「3つ以上のテーブル」を選択後、左から追加したいテーブルを選び「追加」をクリックし右に入れます。

最後に「OK」をクリックします。

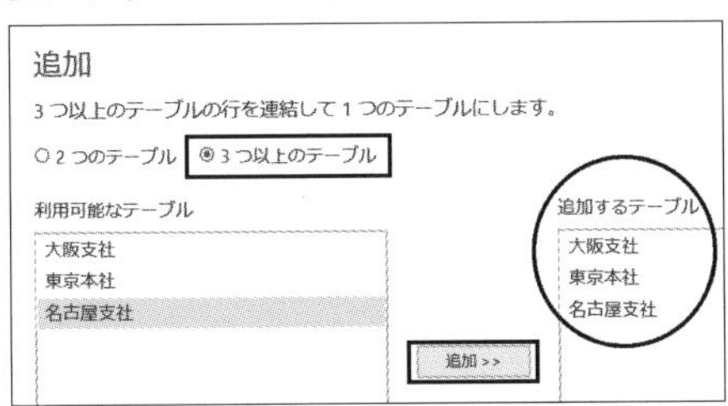

「OK」をクリック

[7]「ホーム」タブの「閉じて読み込む」をクリックすると、表が結合されたテーブルが新しいシートに作成されます。

3-6 PDFやWeb上の表をテーブルとして取り込む

PDFやWeb上に記載された「表データ」を使って分析をしたい場合、いちいち手入力でExcelに打ち込むのは手間がかかりすぎてしまいます。

実は、「Power Query」を使えば、PDFやWeb上の表のデータを取り込むこともできてしまいます。

これを知っておけば、作業効率がぜんぜん違ってくるはずです。

■PDFの「表データ」を取り込む

手　順

[1]「データ」タブの「データの取得」→「ファイルから」→「PDFから」をクリックします。

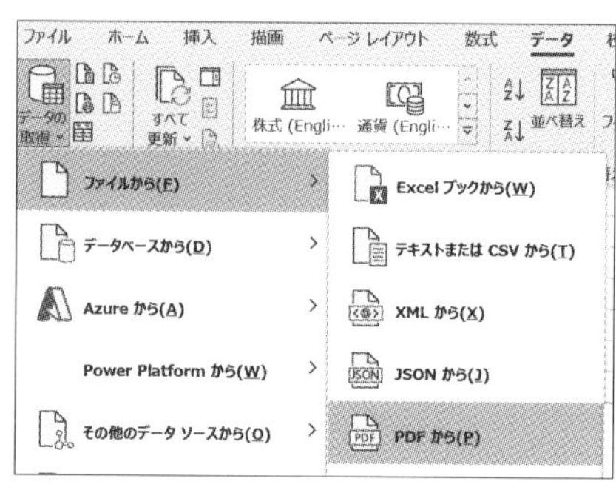

「PDFから」をクリック

[2] 読み込みたい表が掲載されたPDFファイルを選び、「インポート」をクリックします。

[3] PDF上にいくつかの表がある場合は、取り込みたい表を選択し、「データの変換」をクリックします。

[4]「Power Query エディタ」が開きます。
(表の形式などを加工・修正したい場合は、この画面で操作してください)

[5] 出来上がれば、「ホーム」タブの「閉じて読み込む」をクリックしましょう。
Excelのテーブルとして取り出すことができます。

■Webの「表データ」を取り込む

手　順

[1] 「データ」タブの「データの取得」→「その他のデータソースから」→「Webから」をクリックします。

[2] URLの入力画面になるので、取得したい表を含むWebサイトのURLを入力し、「OK」をクリックします。

[3] 以降の操作は、先のPDFの読み込みと同じ要領になります。

＊

いかがでしたか？

ここで紹介したのは「Power Query」でできることのほんの一部ですが、それでも「Power Query」の魅力と可能性を感じてもらえたのではないかと思います。

ぜひ、これをきっかけにいろいろと調べてみて、「Power Query」の使い手になってもらえればと思います。

第4章

書きにくい文章の代筆を「ChatGPT」に

■清水　美樹

仕事の進捗を阻む無視できない要素に、「書きにくい文章を書かなければならない」というのがあるのではないでしょうか。

本章では、「書き手」のツライ立場も打ち明けながら、「ChatGPT」に“代筆”を依頼してみました。

驚くべきアプローチも学ぶ一方で、世の中の冷たさを知ることともなりました。

4-1 対話型AI使用上の提案

■筆者が考えるいちばんの危険とは

●機械に対するように人にもしてしまうかも

「OpenAI」という人工機能研究グループが公開(2023年4月時点)している「ChatGPT」(https://openai.com/blog/chatgpt/)。

高性能すぎるAIに「危険」も指摘されていますが、筆者が考えるいちばんの危険とは、「相手が機械だと思って尊大に答を要求していると、機械が怒りを学び、復讐してくること…」ではありません。

機械に対する態度を、うっかり人間にもとってしまう危険です。

「AIが人間に取って代わる理由は、24時間働けるから、病気や家庭の事情がないから」

そんな話を聞くたび、「これまで我々は多くの人に機械のように働くのを強いてきたのか」と、そっちのほうが恐ろしくなる、今日この頃です。

●人にするように機械にもすべし

そこで、筆者は「ChatGPT」に、人に対する礼儀をもって対話することを心がけています。

そうすれば、人間が相手になったときも良い言葉を使えます。相手にはもちろん、自分自身にも快いものです。

皆様にも、そのようにご提案します。

4-2 効率的な文書作成とは

■効率的でない文書作成とは

●「書く気が起こらない」が最悪の原因

本記事では、「ChatGPT」で文書作成の効率を上げようとしています。

そこで、効率が上がらない理由を考えてみましょう。

最大の理由は、「そもそも書く気が起こらないから」ではないでしょうか。

●心情的に書きにくいのがいちばん困る

書く気が起こらない、つまり、「書きにくい」理由には「技術」「心情」などの問題があります。

技術は自分で学びたいですが、心情こそは機械に助けてもらいたいもの。

心情的に書きにくい事例（経験としてたっぷりある）のいくつかについて、「ChatGPT」さんに代筆を依頼してみることにしました。

4-3 書きにくい？読みにくい？

■やる気まんまんのChatGPTさん

●最初は挨拶

まずは挨拶と用件を入力しました。

> こんにちは。いつもお世話になっております。今日は「書きにくい文章を書いていただく」例をいくつかお願いすることになりますが、よろしくお願いいたします。

最初の質問

●いきなり例を返される

すると、いきなり「書きにくい例」の提案が返ってきました。

> こんにちは。承知しました。以下に、書きにくい文章の例をいくつか提示します。どうぞご確認ください。
>
> 1. 言葉が足りなくて、何を言いたいか伝わらない文章を書いてください。
> 2. 漢字や読み方が分からなくても、理解できる文章を書いてください。
> 3. 文章の主語や動詞が不明瞭で、誰が何をしたのか分からない文章を書いてください。
> 4. 文章の構造が複雑で、どこから読み始めればいいか分からない文章を書いてください。
> 5. 専門用語や難しい言葉を多用して、読者に伝わりにくい文章を書いてください。
>
> 以上、書きにくい文章の例となります。何か他にご希望があれば、お知らせください。

「書きにくい文章」の例

相手の短い質問に怒濤の例示です。

これは質問者を圧倒する対応で、あまり良い印象を与えないのでは、と思います。

また、**前図**で出された例は書き手が「書きにくい」のではなく、むしろ読み手が「読みにくい」文章のようで、ニュアンス的に筆者の質問は伝わらなかったようです。

4-4 【事例①】訂正とお詫び

■訂正とお詫びの事例

●他人の間違いだが、責任は自分にある

「書きにくい文章」の筆頭は、「訂正とお詫び」だと思います。

自分の間違いはまだしも、他人の間違いに自分が責任を負う場合は、もっと書きにくいのではないでしょうか。

次図のように事例を出してみました。

※なお、以下の事例は事実に基づいたフィクションであり、人名・役職はすべて架空のものです。

> 心情的に書きにくい例です。事例の一つは以下の通りです：わたしは清水事務主任ですが、部下の新人の田中君が、4月6日の報告書で、「佐藤専務」と書くべきところを、全部「山田常務」と間違えて書いてしまっていたことがわかりました。そこに気づかなかった事務主任であるわたしの責任として訂正し、佐藤専務と山田常務と、報告書を読んだ人々におわびする文章を書かないと行けません。どのように書いたら良いでしょうか？

心情的に書きにくい事例①

■「ChatGPT」が作った文章

●率直に自分のミスだと認めて始める潔さ

「ChatGPT」が作ってくれた文章には、自分で書く場合のヒントも豊かに示されています。

＊

まず、最初の部分をご覧ください。

> ご依頼いただいた内容に基づき、以下のようなおわび文を提案いたします。ご参考にしていただけますと幸いです。
>
> 「このたびは、わたくし清水事務主任の管理ミスにより、田中君が作成した報告書において、佐藤専務と山田常務の名前を誤って記載してしまったことを深くお詫び申し上げます。

事例①の回答の最初の部分

「このたびは、私の管理ミスにより」と、冒頭に自分のミスであることを認めています。

自分のミスに震え上がっているかもしれない田中君に、なんと安心感を与える文章でしょう。

読む人も好感を抱いてくれるに違いありません。学ばされます。

●アレ？　でもちょっと待って！

しかし、**前図**の回答のうち、以下の部分は「アレ？！」です。

> 佐藤専務と山田常務の名前を誤って記載

何を「誤った」のか？

質問は、「佐藤専務と書くべきところを山田常務と間違って書いてしまった」。

つまり、出てはいけない山田常務の名前が出て、佐藤常務の名前は出てこなかった、という意味で書きました。

しかし、**図**の書き方だと、「佐藤」が「佐々木」、かつ「山田」が「川田」になった、という意味にもなります。

事情を知っている人ならこれでいいでしょうが、初見の人にはやや曖昧な内容になってしまいました。

●続いて、具体的にミスの原因を示す

とはいえ、続いて「どういう管理ミスなのか」を具体的に示す、というのは良い案です。

> 私が報告書をチェックする際、不十分な確認でこのようなミスを見落としてしまったことは、大変遺憾であり、責任を痛感しております。佐藤専務と山田常務、そして報告書をご覧になったすべての方々に、深くお詫び申し上げます。

「管理ミス」とは具体的に何か

ただし、いくつか、問題点はあります。

- 「深くお詫び申し上げます」が前の段落と重複。
- 「大変遺憾であり」は上段構え。「大変恥ずかしく」のほうがいいのでは？
- 「そして報告書をご覧になったすべての皆様に」というところに、翻訳っぽいというか、不必要なドラマ性が感じられる

●お詫びだけで終わらない

そして最後は、ただお詫びするだけでなく、今後の対策を示します。

> このようなことが二度と起こらないよう、私たち部署では今後、報告書作成時の確認体制を改善し、より正確な業務遂行を心がけてまいります。今後ともご指導いただけますよう、お願い申し上げます。」

お詫びで終わらず、改善策を示す

これはお詫びに心を砕きすぎて忘れてしまうことがありますが、必要だと思います。

ただ、「二度と起こらない」という約束はちょっと危険な気がします。

「今後このようなことが起こらないよう」くらいにしておいたほうがいいかもしれません。

さらに、「今後ともご指導いただけますよう」とあります。

これもお詫びに夢中で忘れることが多いですが、メールを一方的な通知にせず、対話を提案しているところに好感をもたれるでしょう。

＊

ここまで書いてもらえれば、いくつか気になったところを自分で書き直せば、すっかり心が軽くなるのではないでしょうか。

4-5 【事例②】目上の人への催促

■事例の詳しい内容

●まずは回答にお礼を言う

「ChatGPT」にしろ人間にしろ、回答を作ってもらったからには、まずお礼を述べます。

そして、次の事例は目上の相手への原稿催促。

次図では事例の説明を始めますが…。

> ありがとうございます！バッチリですね！では次の事例です：社長の松田さんに本年度のわが社の目標について原稿を書いてもらいたく、

お礼を言ってから「事例2」の説明

●かなり複雑で微妙な事例を投げてみた

事例②は複雑な状況を想定しています。

繰り返すようですが、あくまでも架空です。

> 「社長がそんなことを書く必要はないだろう」というのを無理にお願いしてしまいました。そのときには「まぁ書くだけ書いて見るけど」と言われました。ところが、締切を三日過ぎても原稿が来ません。催

社長の反応がアレだった事例

状況に続いて、伝えたい内容もこのように微妙なものにしてみました。

と言われました。ところが、締切を三日過ぎても原稿が来ません。催促の文章を書こうと思うんですが、ギリギリは今週中で、もしどうしてもイヤなら書かなくてもいいよというのも失礼にならないように書き添えたいともいます。どう書いたらいいでしょうか？

催促だけじゃないところが微妙

さぁ、「ChatGPT」さんは、どのように作ってくれるのでしょう。

■「ChatGPT」が作った文章

●「件名」と「書き出し」

次図が、「ChatGPT」が作った文章ですが…。

件名：原稿のご提出のお願いについて

松田社長

先日は、本年度の目標についての原稿のご提出をお願いいたしました。このたびは、締切を過ぎても原稿が届かないため、改めてご連絡差し上げます。

かなり大変だな…

- 「お願いについて」という件名は、「受信相手が何かをお願いする」ことについての話ともとれる。「お願い」だけで充分。
- 「提出」という単語自体がすでに強制的であり、「ご」をつけても無駄。
- 「原稿が届かない」には「送ってきて当然」という響きがある。
  (なお、筆者はいつもその筋の方々から「進捗はいかがでしょうか」というメールをいただいて大変申し訳なく、早くお送りしなければという気になります)
- 「改めてご連絡差し上げます」は「今は連絡しないが別のメールで」という意味になる。

以上、この文面は松田社長にかなりムッとされると懸念しますが、続いて**次図**に示す文にグッと動かされるかもしれません。

弊社の目標について、松田社長からのお考えをお聞きしたいというのが、私たちの願いでした。ただし、強引にお願いしてしまい、ご多忙の中ご迷惑をおかけしてしまったことをお詫び申し上げます。

「私たちの願いでした」！

社長に「書くことでもないだろう」と言われた、という背景を「ChatGPT」は掴んだようです。

「書くことでもないだろうとアナタは言うが、書いてほしかったんだ！　それが私たちの願いだったんだ！」というこのドラマには、社長も「そうだったのか、すまない！これから書くヨ！」と思ってくれるかもしれません。

前々図や**前図**（自社の社長に「弊社」はないでしょう）、そして**次図**の失礼も吹っ飛びそうです。

●最後に必ずつながりを残す

そうです。**次図**の文面にも、「構いません」という上からの言い方、「ございます」の用法など、いろいろと問題があります。

もしご都合がつかない場合は、今回の依頼はお断りいただいても構いません。ただ、もしお時間に余裕がございましたら、是非ご提出いただけますと幸いです。締切は、本日を含めて今週中までとさせていただきます。

今後も、松田社長のご意見を参考にして、弊社の成長に努めてまいります。何かご不明点がございましたら、いつでもお気軽にお問い合わせください。

何卒、ご検討いただけますよう、お願い申し上げます。

敬具

いろいろ問題はあるが…

しかし、注目すべきは、最後に「今後も松田社長の意見が聞きたい」と言うところです。

＊

「ご意見を参考に」という言葉遣いで扱いが軽く聞こえてしまいますが、**事例①**と同様に、「連絡する相手と今後もつながりたい」という希望を示すことは、好感を呼び起こすと期待できます。

全体として、松田社長は「まぁ、まだまだのヤツだが、見込みはあるな」と思ってくれるのではないでしょうか。

4-6 【事例③】部下に注意を促す

■事例の詳しい内容

●部下の繊細な心に配慮したいのだが

最後に、もしかすると最も難しいかもしれない文章を頼んでみました。
「部下に注意指導しながら、かつ傷つけないように」したいのです。

次図の通り、この事例も複雑にしました。
特に主任の心に大いなる迷いがあります。

すごい！配慮行き届いてますね！では、心情的に書きにくい事例の最後です。さきほどの清水事務主任の部下である松田君が、報告書を送ってきました。ところが、内容に間違いが多くて、時間もなかったので清水主任自身が大幅な修正をしました。間違いが多かったことに注意喚起しながらも、勝手に書き換えてしまったのは悪かったかなとも思い、何とかもう少し間違いの少ない文章を書いてくれればキミの文章をそのまんま活かせるんだけどねという内容に、修正文書を添えて松田君に返信しようと思います。松田君を傷つけずにやんわり注意するには清水主任はどのように書けばよいでしょうか。

松田君と仲良くやりたい清水主任

■「ChatGPT」が作った文書

●「ChatGPT」さん、これまでの配慮は…

以下のような文章が作成されました。

> お疲れ様です。先日送っていただいた報告書を拝見しました。内容については、いくつかの誤りがありましたが、私自身で修正し、正しい内容に修正いたしました。
>
> 今後、報告書に関しては、より正確に、かつ明瞭に記載するようにご注意ください。また、自分で書き上げたものであれば、その文章に自信を持ち、適切な修正を行ってください。
>
> 何卒、今後ともよろしくお願いいたします。

こ、これは…

「ChatGPT」さん、もし私が松田君で、主任からこんなメールをもらったら、もう会社に行きたくなくなります！

「自分で書き上げたものであれば」って「ChatGPTを使ったのでなければ」ってことですか？　自虐ネタ？！

●いいえ、冷たいのは私たち

いいえ、「ChatGPT」が部下に冷たいわけではありません。

AIは人がこれまで作った文書から学習します。

ですから、今回の結果は、**「謝罪の相手や上司に対して配慮が必要な事例」**は**世の中に多いが、「上司が部下に配慮しながら指導した事例」**はきわめて少ないことを表わすと考えられます。

危険なのはAIか？　人間か？

考えさせられる実験でした。

PC環境を快適にする知恵

PCを使っていると、「動作が遅い」「Wi-Fiがつながらない」などの理由でイライラさせられることが、しばしばあります。

第2部では、こうしたイライラを取り除くための知恵を紹介します。

第5章

PCの動作が遅い原因と改善方法

■パソコン修理のエヌシステム

PCの動作が異常に遅いとき、ついイライラして何度もマウスクリックを繰り返したり、キーを連打してしまいがちです。

しかし、それはさらに動作負荷を加えるだけなので逆効果です。

5-1 動作が遅いときにまずやるべきこと

■「タスクマネージャ」で状況を確認

「ブラウザ」や「Officeソフト」などのプログラム単体が固まって（フリーズして）しまったら、まず「**タスクマネージャ**」で止まってしまったプログラムを終了させてみましょう。

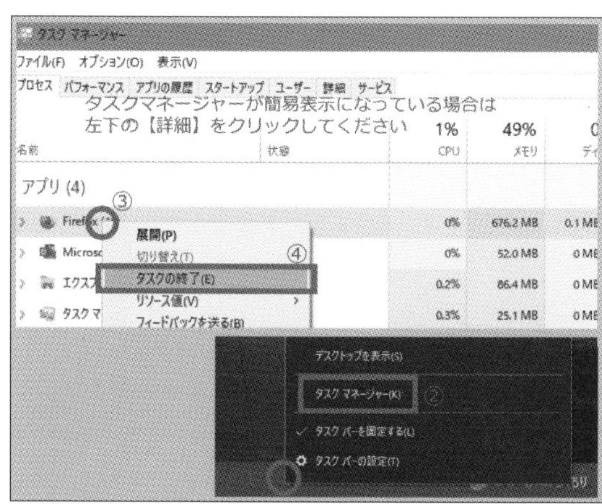

タスクマネージャで状況を確認

CPUやメモリの占有率から、「やたら動いて動作負荷を生み出しているプログラムやソフト」を特定できます。

■「セキュリティソフト」の使用率が高い場合

・「セキュリティソフト」を複数入れている
・「Windows Defender」（Windowsの標準セキュリティ）をOFFにせずに、他のセキュリティソフトを入れている

このいずれかの場合、「セキュリティソフト」の動作が競合し、動作遅延を引き起こしていることがあります。

試しに「セキュリティソフト」を一時的に停止させ、それで動作遅延が解消されるようであれば、「セキュリティソフト」が遅延原因の可能性が高くなります。

■とりあえず一度電源を切る

「タスクマネージャが開けない」「PC自体の動作がフリーズしている（＝ハングアップしている）」といった場合は、いったんPCの電源を切り、電源コードを抜いて（ノートPCの場合は底面のバッテリも外す）、少し時間をおいて再び起動してみてください。

※本体の電源ボタンを長押ししてシャットダウンする方法は、繰り返すと電源部品に負担をかけます。
可能な限り、メニュー操作の完全シャットダウンで電源を切りましょう。

たまたまタイミング悪く負荷が一気にかかったなどの原因で一時的にPCの調子が悪くなっただけなら、再起動すれば直ります。

＊

それでも改善されない場合は、どこかの部品の具合が悪くなっているのかもしれません。

以下の項目を参考に、動作の遅延やフリーズが発生するタイミングを確認してください。
それぞれ遅延の状況によって発生原因と改善方法が異なります。

また、下記に当てはまる症状がない、もしくは改善できなかった場合は、お使いのPCのメーカーサポートや修理業者に相談してください。

5-2 「Windows Update」などの更新がないか確認

PCをシャットダウンした際に、自動で「Windows」の更新(Windows Update)が入ることがあります。

この「Windowsの更新」や、「セキュリティソフト」の更新などが完了していない状態でPCを使っていると、バックグラウンドで更新の待機状態のままになってしまい、動作の遅延を引き起こすことがあります。

更新プログラムが、

「更新データがありますよ〜。ちゃんと更新して再起動してからPCを使ってくださいよ〜…ねえ、聞いてる！？　ココ！！　更新！！　見て！！！」

と圧を掛けてきている状態です。

更新をすべて完了させ、PCの電源を一度切ってから再起動させれば動作遅延が解消されます。

*

更新プログラムのインストールが完了し、更新の実行待ち、あるいはPCの再起動待ちの状態であれば、デスクトップ画面※の右下に、「Windows Updateマーク」が表示されるのでクリックしてください。

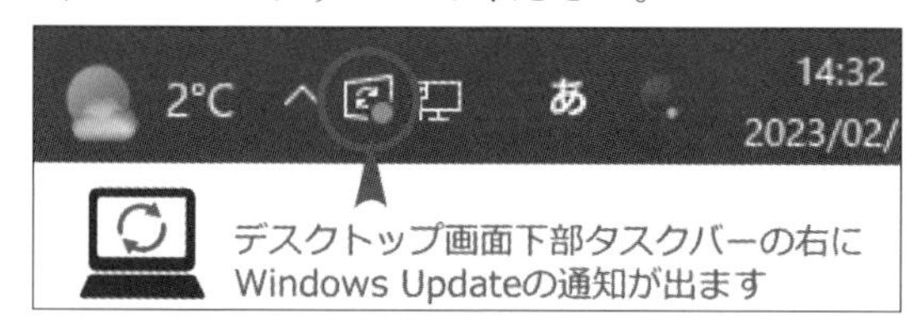

Windows Update待機マーク

※皆さんがいちばん目にするであろう、壁紙にソフトなどのアイコンが並んだ画面

■「Windows Update」の手動更新

通常は「シャットダウン」や「再起動」の際に自動で更新が割り込んできます。

しかし、自分で更新がないかを確認したいときは、デスクトップ画面左下の【Windowsスタートメニュー】⇒歯車のマークの【設定】⇒【更新とセキュリティ】の順にクリック。

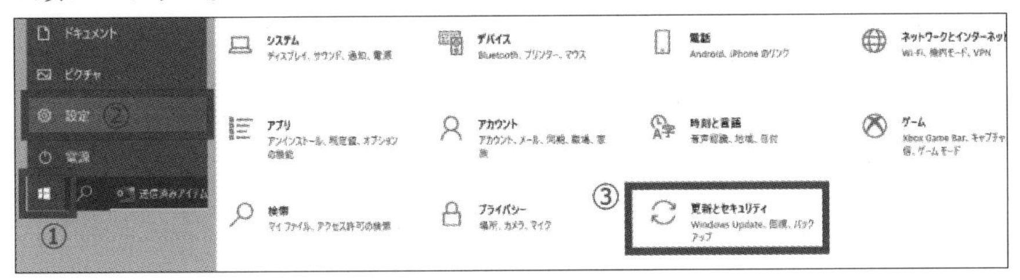

「Windows Update」の手動更新

ここで「更新プログラムのインストール中」といったメッセージが表示される場合は、インストールが完全に終わるのを待ってから、実行や再起動を行なってください。

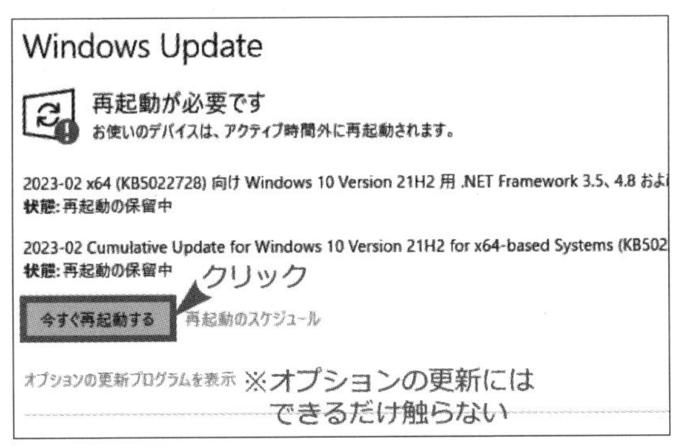

「Windows Update」を実行

また、不必要なオプションの更新をしてしまったせいでシステム不具合が起きることが稀にあります。

何のファイルか分かっていて、必要に迫られた場合を除き、オプションの更新には触れないようにしてください。

「ずっと起動させっぱなしで数ヶ月ぶりに電源を切った」、あるいは逆に「久しぶりにPCの電源を入れた」といった場合には、複数の更新が入り、数時間ほど掛かってしまうこともあります。

「Windows Update」には、「Aの更新が完了した状態でなければBの更新ができない」という、順番に適用しなければならないプログラムもあります。
そのため、一度に複数の更新を実行すると、AとBを同時に実行しようとしてエラーが起こることがあります。

「更新の失敗メッセージ」が表示されたら、一度更新を止めて、PCを再起動してから改めて更新しましょう。

＊

「Windows Update」では、WindowsおよびWindowsで動作するプログラムに必要な修正・追加プログラムや、セキュリティファイルなどを提供しています。
日々の更新はきちんと完了させるようにしてください。

大量の「Windows Update」が同時に入ったりすると、データ量が大きすぎてHDDやマザーボードに負荷をかけ、不具合の原因にもなるので、注意が必要です。

電源部品のためにも、電気代節約のためにも、2～3時間以上使わないのであれば、都度PCを完全シャットダウンさせたほうがいいでしょう。

※「Windows10」および「Windows11」では、キーボードの[Shift]キーを押しながら、マウス操作で【シャットダウン】をクリックすることで完全にシャットダウンできます。

5-3 起動時にデスクトップ画面が表示されるまで長い

電源ボタンを押す、メーカーロゴが出る、ログイン画面やデスクトップ画面が表示される、という一連の起動動作の途中で遅延やフリーズがある場合です。

この場合は、記憶装置である「**HDD**」(もしくは「**SSD**」)の中の「Windows」や「Mac OS」の「起動プログラム」が上手く呼び出せていない可能性があります。

原因としては、「HDD」や「**マザーボード**」の経年劣化、あるいは破損が考えられます。

■室温に注意

冬場であれば、室温が低い状態で起動させたせいで「HDD」の動作が遅くなっている可能性もあります。

PCの動作の最適温度は「15～25℃」です。

人間が快適に感じる程度の室温までお部屋を暖かくしてから動作させ、それでも状況が変わらなければ、部品の劣化などが原因であり、時間の経過とともに症状が悪化していくかもしれません。

念のため、PCが起動している内に大切なデータのバックアップを取ってください。

■デスクトップ画面に大量にファイルを置かない

弊社が修理でお預かりするお客様のPCでもたまにお見かけする、画面いっぱいに並んだ大量のファイルとソフトのアイコン。

デスクトップ画面にファイルを直接並べていると、起動時にそれらすべてを呼び出すことになるため、起動時間が遅くなります。

■HDD(SSD)不良の場合

「エラーメッセージが毎回表示される」「フリーズが頻発する」となると、部品不良の可能性が高いです。

早めに修理に出したほうが、現在の設定やデータをきちんと新しい部品に移して、元通り使える可能性が高くなります。

「まだいける…！」とギリギリまで粘ると、そのぶん破損が進むので注意してください。

*

破損の度合いが酷くなるとデータを取り出すこともできず、「リカバリ」によって初期状態（工場出荷時のデータ状態）に戻すか、新しい「HDD」にまっさらな「Windows」を入れて使う他なくなってしまいます。

データが初期状態になるということは、今まで保存した書類や写真や音楽のデータ、インターネットのお気に入りデータなどもすべて消えてしまうということです。

PCに自分でインストールしたソフトも消えてしまうので、再度インストールをし、パスワードを入れ、設定をし直すという作業が必要になり手間と時間も掛かります。

5-4 特定のプログラムを動かしているときだけ遅延する

普段は何の問題もないのに、特定のソフトを使っているときだけおかしい。

そんな場合は、PCのハード（機器部品）側ではなく、ソフト（プログラム）側に問題があるのかもしれません。

可能であれば、ソフトを一度アンインストールしてから再度インストールしてみてください。

*

また、ソフトの修正データや更新データなどが新たに提供されていることもあります。

そのソフトを開発提供している会社のサポートが分かれば、一度問い合わせするといいかもしれません。

■毎回プログラムが開くまで時間がかかる

「Adobe Photoshop」「Adobe Illustrator」「CADソフト」など、もともとデータ量の大きなソフトは、起動するまでにそれなりの時間が掛かるものです。

しかし、どのソフトでも変わらずに時間が掛かりすぎる場合や、開くまでの間にフリーズしてしまう場合には、「部品性能の問題」「部品の劣化」「ソフト側の問題」など、いろいろな可能性があります。

もしも複数のソフトを同時に開いている場合は、できる限り閉じて、「常駐プログラム※」も終了させて、PCへの負荷を軽くしてから動作させてみましょう。

※PCの起動と同時に自動で起動するソフトのこと。

画面下部のタスクバーの中にいつもいるソフトがそれです。

だいたいの「常駐プログラム」は、右クリックすると、「終了メニュー」が出てきます。

＊

負荷を減らしてから起動させても状況が変わらない場合は、ソフトの提供会社に問い合わせるか、できればソフトを一度アンインストールしてから再度インストールしてみてください。

また、「HDD」(SSD)に保存したデータがいっぱいで空き容量がなくなってくると、プログラムの動作が遅くなることがあります。

不要なデータを消すか、「外付けHDD」などにデータを移して、本体容量を空けてください。

現在のHDD容量は、【PC】を開くと確認できます。

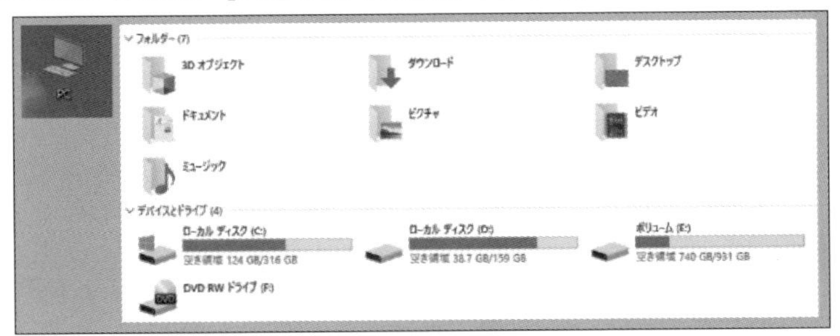

PC空き容量確認

この私のPCの容量を例にすると、「Cドライブ」の1/3くらいが空き容量になっています。

「Cドライブ」にはWindowsやその他のプログラムソフトが入っており、それらが悠々と動けるように、余裕をもって半分は空けておきたいところです。

なので、そろそろ不要なデータの削除や「Dドライブ」「Eドライブ」への移動をしなければなりませんね。

5-5 動画やテレビを見ているときに遅い・止まる

ネットで動画を見ているときや、テレビ機能で番組視聴しているときに、動画が妙に"カクカク"してスムーズに動画が再生されない、または、フリーズしてしまうという場合は、いくつかの原因が考えられます。

■サイトが混雑している

「YouTube」や「ニコニコ動画」「ABEMA」のように、扱うデータ容量が大きい上に利用者の多いサイトは、特に週末の夜には閲覧者が増えてとんでもなく混雑していることがあります。

サイトが混雑しているということは、動画を保存・再生してくれているサーバーに負荷が掛かっているということなので、スムーズに動画を再生できなかったりします。

これは閲覧者側ではどうしようもないので、そのまま我慢して見続けるか、人が少ない時間帯を狙って見にいくしか解決策はありません。

■部品性能の問題

「マザーボード」のグラフィックに関する部品の性能が、現在の高画質動画やテレビ映像に追いついていない場合、きれいに再生できず"カクカク"した動きになったり、途中で固まってしまったりします。

この場合は、動画を低画質で再生するか、部品をハイスペックなものに取り替えるか、いっそのことPCを買い換えるしかありません。

■部品の劣化や破損

グラフィックに関する部品が経年劣化や高熱による焼損で傷んでしまった場合も、うまく動画が再生されなくなってしまいます。

特にオンラインゲームやテレビ視聴に特化したモデルのPCを使っている方は、3Dゲームなどで高負荷を掛けた状態で長時間動作させることが多く、PC内部が高温になりやすいためにグラフィック部品が傷みやすいと言えます。

メーカーサポートの期間内ならメーカーに、それ以外の場合は修理業者に相談してください。

5-6 ブラウザで閲覧しているとWebサイトが重い

インターネットで接続した先のページが正常に開けない、あるいはページ遷移に異常に時間がかかるときの原因は、以下が考えられます。

■特定のサイトのみ遅い

これは、先述した動画サイトなどの遅延と同じ原因です。
特定のサイトでだけ動作が遅く、他のサイトでは快適に閲覧できるといった状態なら、そのサイトの閲覧者が多くて混雑しているせいかもしれません。

「Twitter」でバズったサイトやニュース報道された企業のサイトなど、一度に大勢が閲覧しようとすると、そのサイトが置かれているサーバーの処理限界を超えて不具合が発生します。
テーマパークの一つしかない入口に通常の100倍のお客さんが詰めかけ、スタッフがチケットを捌ききれない状況を想像してください。

この場合は、ちょっと時間を置いてからまた訪問してみましょう。

■サイト構成に問題がある

本来そのページで動作するはずのプログラムが上手く動作していないせいで、ちゃんとページが開けずに遅延しているのかもしれません。

もしくはサイトにウイルスが仕込まれ、それがこっそり動いているせいで遅いということも、ごく稀にあります。

その場合はサイト制作者側の問題なので、気長に改善されるのを待つか、閲覧を諦めるしかありません。

■キャッシュクリアを試す

どのサイトでも変わらずに遅い場合や、頻繁にフリーズが発生する場合に、まず自分側でできるのは「キャッシュのクリア（削除）」です。

「キャッシュ」とは、一度開いたページの情報を保存しておいて、同じページを開いたときにできるだけ早く表示させるためのデータです。

「キャッシュ」が溜まりすぎたり、「キャッシュ」の中に問題のあるデータがあると、ブラウザ動作の遅延を引き起こすことがあります。

第6章

「Windows Update」は何をしているのか

■清水　美樹

他のOSもそうではありますが、「Windows」と言えばアップデート、アップデートと言えば「再起動」の感があります。

これはいったい何をやっているのでしょうか。

6-1 「更新プログラムを構成しています」

■更新中画面日米対決

Windowsのアップデートで特徴的なのは、その不思議な日本語です。

＊

とりわけ「終わらないアップデート」の哀歌が随所に聞こえていた「Windows10」では、「更新プログラムを構成しています」という不思議な日本語が、「何をやっているのか？」という疑問を深めました。

それでは、マイクロソフトの母国語である英語では、何と言っているのでしょうか。

＊

次の2つの図は、それぞれ日米のマイクロソフト・コミュニティのフォーラムで、「この画面のまま終わりません」という質問に添えられていた、アップデート画面の写真に載っていたメッセージです。

更新プログラムを構成しています 99%
PC の電源を切らないでください。処理にしばらくかかります。

「更新プログラムを構成しています」

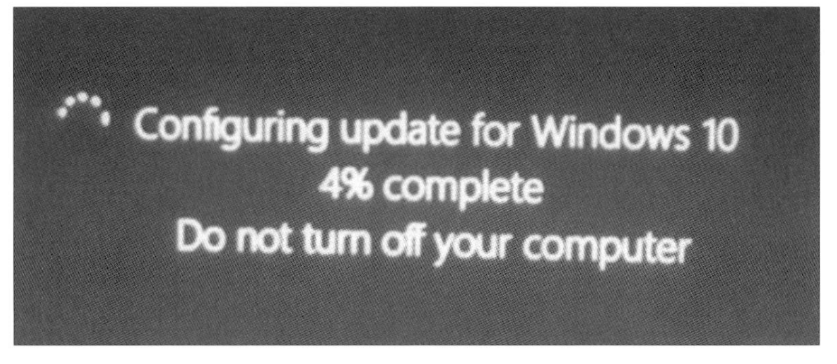

"Configuring update"

Google翻訳で調べると、まさに正解のようでした。

「更新プログラムの構成」…これは、「技術用語」の範疇に入るでしょう。

Google翻訳でズバリ出た

■「Configure」が指すもの

表示されている不思議な日本語と、英語の説明から考えると、まず、「更新プログラム」というソフトウェアがあり、その「configure」がなされていることになります。

「configure」は「構成」ではなく「設定」が適切という声もあるようですが、「con+figure」(形に合わせる)という語源からなるとおり、「設定に合わせて構築する」と意味合いがあります。

ですから、目的に合わせてOSのプログラムが書き込まれたり書き変えられたりしていることは確かです。

6-2 「Windows Update」の仕組み

■マイクロソフトの技術文書から

「Windows Update」の仕組みについては、マイクロソフトの技術文書で詳しく書かれています。

日本語の機械翻訳版もありますが、アップデート時と同様に不思議日本語化しているので、あまり利用しやすくありません。

Windows Updateの仕組みが説明されているマイクロソフトの技術文書
https://learn.microsoft.com/en-us/windows/deployment/update/how-windows-update-works

■大きく分けて4つの過程

それによると、「アップデート」の過程は大きく4段階に分けられます。

①スキャン
②ダウンロード
③インストール
④再起動

※ユーザーのPCからマイクロソフトのアップデートサーバに接続して、更新用データを探すこと

■Update Orchestrator Service

「Windows Update」では、その名もズバリ「Windows Update エージェント」が、「Update Orchestrator Service」(以下、オーケストレータ)という名前のサービスの制御下で作業を進めます。

「オーケストレータ」は、最近の「マイクロサービス」を協調させていく機能の名前で知られているように、アップデートの全過程にわたって自動処理のタイミングを設定したり、システムプログラムに問い合わせを行なったり、アップデートの情報を集めたりします。

特に、ユーザーの操作やほかのアプリケーションの作業との協調を図ります。

このようにして、図のようにあるアップデートデータがダウンロードされているうちは、ほかのデータは作業を保留して、順番に行なわれていきます。

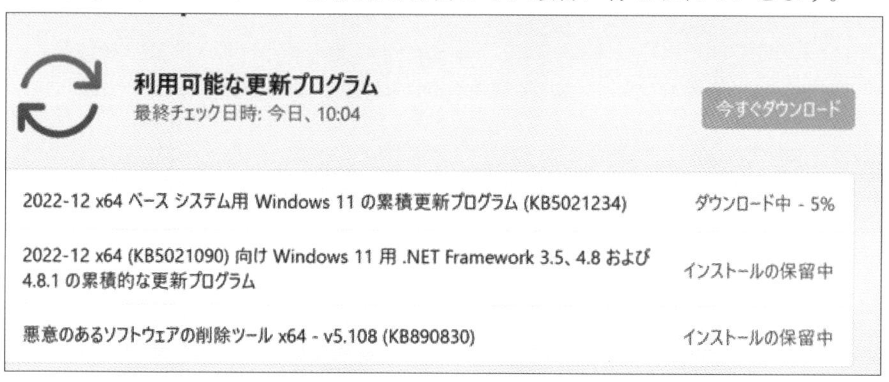

「オーケストレータ」によって、「Windows Update」が
順序良くダウンロード、インストールされる

■「サービス」を確認してみよう

Windowsには「サービス一覧」を表示させるツールがあります。

記憶は定かでありませんが、「WindowsNT」のころからすでにあり、「Windows11」では、「タスクマネージャ」からいくつかのタブやリンクをたどってたどりつくことができます。

次の2つの図に見られる「Orchestrator Serviceの更新」という、おそらく「Update」だけが翻訳された、不思議な名前のサービスがそれだと推測されます。

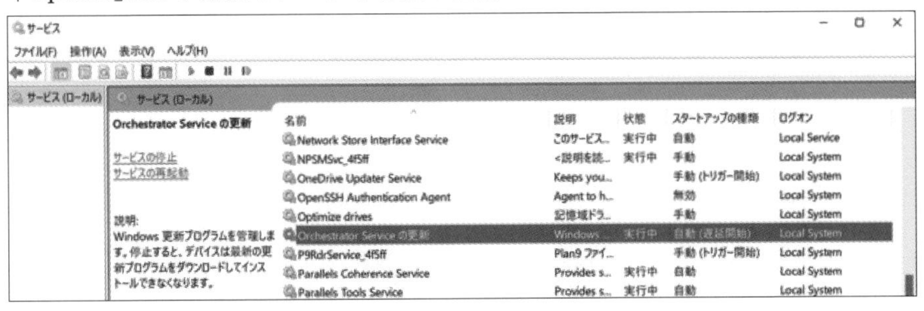

「サービス」一覧。「Windows10」以降では「タスクマネージャ」からたどりつく

サービス (ローカル)

Orchestrator Service の更新

サービスの停止
サービスの再起動

説明:
Windows 更新プログラムを管理します。停止すると、デバイスは最新の更新プログラムをダウンロードしてインストールできなくなります。

「Orchestorator Serviceの更新」という不思議名
説明からするとコレだと思われる。

■スキャン

●必要なアップデートデータを探す

「スキャン」作業では、「windowsupdate.microsoft.com」などのドメインをもつアップデートサーバに問い合わせます。

前回のアップデート履歴と照合し、かつ該当するPCのハードウェアに必要な分のみを検索します。

●データIDで整理し、キューを作成

スキャン作業はシステムのリソースを占有しないように、ランダムな間隔で行なわれます。

データについているIDによって、特定のアップデートデータに関連する作業がなるべくかたまって実行されるように実行順序(キュー)を作ります。

■ダウンロード

●「マニフェスト・ファイル」を参照

最初に、インストールに必要な情報を記した「マニフェスト・ファイル」がダウンロードされます。

その内容から、PCやシステムに必要なデータをダウンロードするか決めます。

●ダウンロード後も検査

アップデートデータは「一時フォルダ」に保存されますが、インストールに適切であるかどうか、「Windows Defender」などがさらに検査します。

■インストール

●アクションリストの作成

PCのハードウェア情報を収集し、「マニフェスト・ファイル」と照合します。

そして、インストールのために、「システムのどのプログラム」が「何のファ

イル」に「どういう動作を行なうか」、という「アクション・リスト」を作ります。

●インストールの開始

最後に、インストーラが呼び出されます。

■再起動

●アップデートの完成

インストールのあとは、PCを再起動してアップデートを完成します。

「Windows10」のリリース当初は、突如として強制的に再起動される悲劇がありました。

ですが、最近は、「アクティブ時間」内には自動再起動されないようになっています。

この不思議日本語では、どうすれば今再起動しなくてすむのか、ドキドキしてしまいますが…。

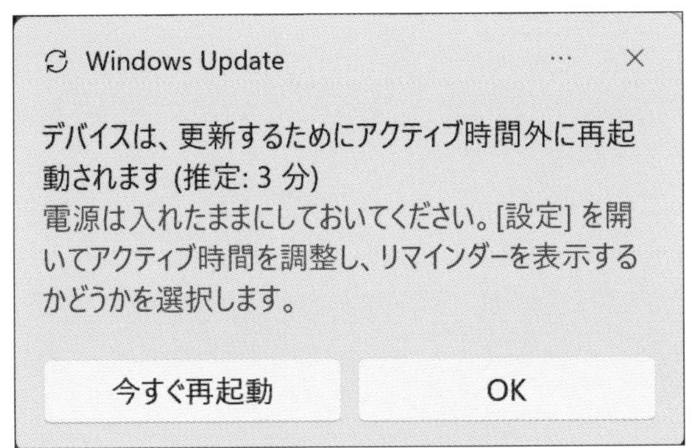

「OK」を押せば、再起動されない

●なぜ再起動が必要か？

再起動をしないとアップデートが完成しないのは、ズバリ、「動作中のプログラムは書き換え」ができないからです。

「WindowsOS」は、「Windows 8」から「FastBoot」という仕組みを使っています。

これは、シャットダウン時には前回の起動時に「RAM」に読み込まれたシステムデータを不揮発性の記憶装置に待避させて、次の電源投入時に読み直すことで「起動を速く」するようにする、というシステムです。

一方で、「再起動」では、いったんすべてのシステムプロセスが終了させられます。

そのため、普通のシャットダウンではアップデートが反映されません。

そこで、「今日は再起動を待たないで帰りたい」というときのために、「更新してシャットダウン」というシャットダウンオプションがあります。

しかし、次に起動したときに残りのアップデート処理が行なわれるので、次の起動は余裕をもって行なうようにします。

■Windows Updateログ

●ログをテキストに書き出す

「Windows Update」で何をやっているかはログを見れば分かるはずです。
しかし、「ETL」(イベントトレースログ)というバイナリ形式で保存されているため、そのままでは読めません。

「Windows PowerShell」で、

```
Get-WindowsUpdateLog
```

というコマンドを打つと、デスクトップに「WindowsUpdate.log」というファイルが作成され、テキストファイルとして開けます。

●ログの構成

ログファイルには、以下のようなメッセージで、呼び起こされる作業が記されています。

これを見ているだけでも、何が行なわれているか、おおよその想像がつくのではないでしょうか。

メッセージの一覧

AGENT：Windows Update エージェント
COMAPI：Windows Update API
DRIVER：デバイスドライバ情報
HANDLER：インストーラの管理
SHUTDOWN：シャットダウン時のインストール
ProtocolTalker：クライアント-サーバ同期
DataStore：アップデートデータを一時保存
IdleTimer：サービスの一時停止と再開

```
GetUpdateDeploymentStatusFromDeploymentProvider call for update
997706BE-9C66-47E9-9824-E3FD0FCF4B59.1 from handler returned Commit required = No,
Reboot required = No
2022/12/21 20:39:42.6449550 724   2056  Agent           Update
997706BE-9C66-47E9-9824-E3FD0FCF4B59.1 final deployment status: callbackCode =
Update success, errCode = 0x00000000, unmappedCode = 0x00000000, reboot required =
unspecified, commit required = No, auto commit = capability Unknown, download
required = No
2022/12/21 20:39:42.6503022 4580  1412  ComApi          Serializing CUpdate
997706BE-9C66-47E9-9824-E3FD0FCF4B59.1, Last modified time 2022-12-21T01:04:23Z
2022/12/21 20:39:42.6503762 4580  1412  ComApi          Update serialization
complete. BSTR byte length = 1971
2022/12/21 20:39:48.5642078 724   1508  Agent           *FAILED* [80248014]
GetServiceObject couldn't find service '8B24B027-1DEE-BABB-9A95-3517DFB9C552'.
2022/12/21 20:39:48.5642101 724   1508  Agent           *FAILED* [80248014] Method
failed [CAgentServiceManager::GetServiceObject:1968]
2022/12/21 20:39:53.2830171 2940  6132  Misc            UUS:
Session=wu.core.wuapi, Module=wuapicore.dll, Version=922.1012.111.0, Path=C:
\WINDOWS\uus\AMD64\wuapicore.dll
```

ログからいろいろな作業を読み取れる

第7章

「Wi-Fi」の賢い使い方

■ぼうきち

インターネットに接続する手段として、「Wi-Fi」は日常的に使われています。

とはいえ、「Wi-Fi」には「無線」ならではの疑問やトラブルもあります。

ここでは、「Wi-Fi」はどのようなものかを解説するとともに、「トラブルの対処方法」に触れます。

7-1 「Wi-Fi」とは何か？

まず、「Wi-Fiとは何か」を知る必要があります。

＊

「Wi-Fi」とは、インターネット接続に利用されている「無線通信規格」の一つです。

「無線LAN」の規格である「IEEE 802.11」に対応していて、「相互接続性能」を認定機関から認定されることで、「Wi-Fi対応」と表示できるようになります。

「Wi-Fi」の認定や表示などは、「Wi-Fi Alliance」という業界団体によって管理されています。

日本国内で一般消費者向けに「無線LAN」として販売されるものは、基本的には「Wi-Fi」に対応した製品です。

7-2 「Wi-Fi」の規格

「Wi-Fi」という規格は、通信速度の向上などで現在でも進化し続けています。
現在は「Wi-Fi 6E」が最新で、最大通信速度は「9.6Gbps」です。

一つ前の「Wi-Fi 6」との違いは、使える帯域に「6GHz帯」が追加されたことです。
これによって帯域の混雑を避けることができ、最大通信速度に近づけることができます。

2024年ごろに策定予定の「Wi-Fi 7」では、最大通信速度が「46Gbps」になる予定で、通信速度が大幅に向上する予定です。

＊

これらの「Wi-Fi」に数字を付加する命名規則は2018年に導入されたもので、「第4世代の規格」(IEEE 802.11n)まで遡って命名されています。

「Wi-Fi」の策定年と名称

世代	策定年	名称	規格名	最大通信速度	周波数(GHz帯)
第7世代	2024(予定)	Wi-Fi 7	IEEE 802.11be	46Gbps	2.4/5/6
第6世代	2021	Wi-Fi 6E	IEEE 802.11ax	9.6Gbps	2.4/5/6
第6世代	2019	Wi-Fi 6	IEEE 802.11ax	9.6Gbps	2.4/5
第5世代	2013	Wi-Fi 5	IEEE 802.11ac	6.9Gbps	5
第4世代	2009	Wi-Fi 4	IEEE 802.11n	600Mbps	2.4/5
第3世代	2003		IEEE 802.11g	54Mbps	2.4
第2世代	1999		IEEE 802.11a	54Mbps	5
第1世代	1999		IEEE 802.11b	11Mbps	2.4
第1世代	1997		IEEE 802.11	2Mbps	2.4

7-3 「Wi-Fi」と呼ばれる機器の種類

一般に「Wi-Fi」と呼ばれる機器は、大きく分けると3種類あります。

*

まずは、「**親機**」または「**アクセスポイント**」(AP)と呼ばれる機器です。

これは「無線LAN」のネットワークの中心となるもので、「無線LAN」の構築には必要不可欠です。

光回線やADSLのような、「常時接続の固定回線」を「無線LANの通信」に配送する機能をもつものを「**無線LANルータ**」と呼び、固定回線への接続機能をもたないものを「**無線LANアクセスポイント**」と呼びます。

*

もう一つは「**子機**」です。

これは、PCやスマートフォンに内蔵されている「無線LAN」のモジュールか、USBを経由する外付けのアダプタなどです。

*

他にも「Wi-Fi」と呼ばれているものとして、「モバイルWi-Fi」「ポケットWi-Fi」と呼ばれる「**モバイルルータ**」があります。

これは、「4G」「5G」「WiMAX」などといった「モバイル回線」を「Wi-Fi」に変換する装置で、ルータの一種です。

屋内で常設できる据え置き型の「モバイルルータ」もあります。

この「モバイル回線を利用したWi-Fi」に関しては、モバイル回線の利用料金が発生します。

7-4 無線通信の「暗号化」

「Wi-Fi」のような無線通信の難しいところは、第三者でも通信内容を受信(傍受)できるというところです。

有線の通信であれば、ケーブルを保護することで傍受を難しくできますが、無線の場合は物理的な影響を与えずに受信できるので、「第三者による受信」は発見しにくいものになります。

そのため、通信の「暗号化」による保護が必須になっています。

*

「暗号化」は、通信する「親機」と「子機」の双方が同じ規格に対応している必要があり、暗号化規格への対応はモジュールによって異なるので、新しい暗号化規格は利用できないことがあります。

「**WEP**」は初期に利用されていましたが、現在では解読が容易とされていて、使用が推奨されない暗号化規格になっています。

「Wi-Fi」の暗号化規格の一覧

規格名	内　容
WEP	1997年の初期無線LANから採用。 「WEP-64」と「WEP-128」がある。 RC4暗号を採用。2001年には脆弱性が発表される。
WPA-TKIP	2003年制定。 RC4方式ではあるものの、暗号鍵の取り扱いが変化している。
WPA2	2004年制定。AESを採用。 2017年にKRACKという脆弱性が発見される。
WPA3	2018年制定。「Wi-Fi 6」の必須要件になる。 鍵交換方式として、「Simultaneous Authentication of Equals」(SAE)を採用している。2019年に「Dragon blood」という脆弱性が発見される。

7-5 「Wi-Fi」の脆弱性問題

かつて、「Wi-Fi」に接続できるゲーム機として、「ニンテンドーDS」(以下「DS」)が大ヒットしましたが、このことは「Wi-Fi環境」に影響を与えました。

それは、「DS」が「WEP」にしか対応していなかったため、「脆弱性のある『WEP』で保護されたアクセスポイントを残した」という問題です。

＊

「WEP」を使っている場合、通信内容からパスワードを解読することが簡単で、第三者がアクセスポイントを利用してインターネットへと接続することも可能です。

「DS」のインターネット接続サービスはすでに終了しているので、「WEP」で接続できるアクセスポイントは減少していると考えられます。

しかし、新しい暗号化接続に対応できない機器があると、脆弱性があるインフラを変更することは困難です。

「DS」に限らず、「Wi-Fi」に共通する問題として、「暗号化」ではハードウェア内で高速な暗号処理を行なうため、新しい暗号化規格への対応は、「通信モジュールの交換」以外には難しいと考えられます。

現在は「WPA2」などの比較的新しい暗号化規格が主流ですが、新たな脆弱性の発見によって、これらの規格も今後、同じような状況になる可能性はあります。

長く使われる機器は対応が難しい

7-6 接続できない場合の対処法

新規で「親機」を設置した場合と、新規で「子機」を接続する場合があります。

「Wi-Fi」のトラブルとしては、次のようなことが挙げられます。

・チャンネルが電波干渉している
・インターネット回線につながっていない
・「Wi-Fi」のバージョンが大きく異なる
・「DNS」などの設定が違う
・接続先サーバがダウンしている

無線のチャンネルが「電波干渉」しているのは、よくあることです。
特に住宅街や木造の集合住宅であれば、多くの「SSID」(無線ネットワーク名)をキャッチしてしまうことがあります。

他にも一時的に切断されてしまうという意味では、「電子レンジ」の調理時に発する電磁波は、「Wi-Fi」で使われる「2.4GHz帯」を使っているので、「電子レンジ」の使用中は「Wi-Fi」が切断、あるいは速度が低下する場合があります。

このように、無線のチャンネルで問題が起きている場合は、ルータ側の「チャンネル設定」を手動で変更することで回避できる場合があります。

*

「インターネット回線につながっていない」という場合は、

(1) 固定回線と「親機」をつなぐ「LANケーブル」が物理的に抜けてしまっている
(2) 何かが原因で通信に失敗してしまっている
(3) プロバイダ設定が間違っている

などの理由が考えられます。

このような場合はルータの管理画面から状態を確認して、ルータ周りの再起動をしたり、設定変更を行ないましょう。

*

「Wi-Fi」のバージョンの違いは、暗号化規格や、通信速度に影響を与えます。
基本的には互換性は保たれていますが、それでも大きな差がある場合、接続ができないことがあります。

「DNS」や「IPアドレス」は、以前は設定が必要な場合がありましたが、現在では自動的に設定されることがほとんどです。

しかし、接続するプロバイダによっては意図的に変更しなければならない場合もあるので、注意しましょう。

*

「Wi-Fi」がつながらないように思われる場合でも、接続先サーバがダウンしている場合もあります。

この場合の確認方法としては、いくつかの大手サイトに、ブックマークやURL入力経由で接続してみると原因の切り分けができます。

7-7 「中間者攻撃」という問題

「Wi-Fi」が抱えているもう一つの大きな問題の一つは「セキュリティ」です。

その一つに「**中間者攻撃**」(**MITM**)があります。

*

「中間者攻撃」は、通信の間に入ることで、通信を傍受する、あるいは改変を行なうという行為です。

「Wi-Fi」は一般的によく利用されていて、なおかつ無線であるためにターゲットになりやすいと言えます。

想定される攻撃の手法の例として、公衆Wi-Fiのアクセスポイントと偽って傍受用の「偽アクセスポイント」を作ることが挙げられます。

特殊なアクセスポイントの設置者は通過するパケットを傍受できます。

一方で、インターネット通信には、このような傍受を防ぐための方法が取り入れられています。

一つは「**SSL接続**」、もう一つは「**VPN**」です。

*

「SSL接続」では、接続先サーバが「SSL」に対応している場合、「https」から始まるスキームを使うことで、接続先サーバから端末のクライアントまでの通信が「暗号化」されます。

多くの「SSL対応クライアント」では、通信時に「証明書の検証」という作業が行なわれ、中間者による不正は難しくなります。

ただし、証明書が不正に発行されている場合も考慮するなど、多角的な検証は必要です。

*

「VPN」は、端末から接続先サーバの手前までの通信を「暗号化」するサービスで、「SSL」とは異なり、通信全体が「暗号化」されます。

「VPN」の場合は接続先を検証する機能はないので、注意が必要です。
いずれにせよ、さまざまな推定をすることが必要となります。

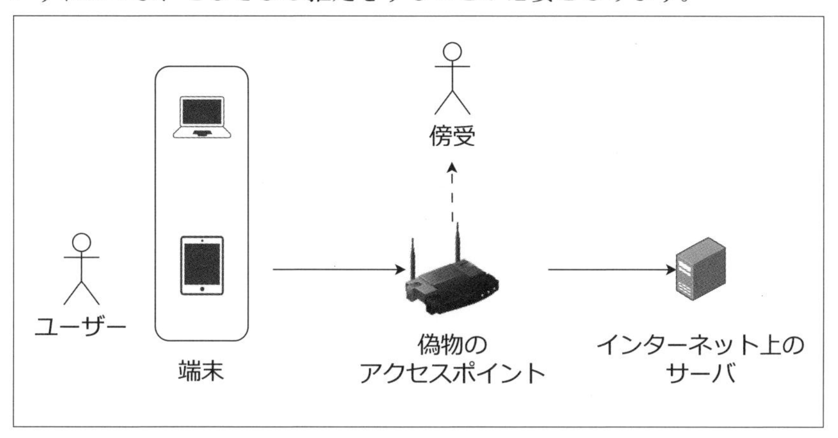

中間者によるネットワークの傍聴

7-8 サポート情報を確認

「Wi-Fi」の「親機」は多くの場合、長期的に使われるものですが、さまざまな事情により脆弱性の「修正ファームウェア」が提供されない機器もあります。

例として、エレコムの「WRC-1167FS」は、2017年に発売された比較的新しい製品ですが、軽減・回避策を行なうか、代替製品への切り替えが推奨されています※。

※ https://www.elecom.co.jp/news/security/20210706-01/

「WRC-1167FS」はセキュリティ情報が発表されている

＊

「無線LAN」の親機を設置している場合は、使っている機器の情報や、セキュリティ情報を定期的に確認する必要があります。

設置している機器に問題がある場合は、ファームウェアのアップデートや、代替製品への切り替えなどの適切な処置が必要になります。

7-9 公衆Wi-Fiサービス

スマートフォンのユーザーは、「Wi-Fi」を使うことでパケット使用量を減らせます。

カフェや駅など、自宅以外の場所で使える「Wi-Fi」として「**公衆Wi-Fiサービス**」があります。

「公衆Wi-Fi」は大手キャリアがサービスしているものが大きく、「ドコモ」や「au」のサービスは、回線加入者でなくても、特定の条件下で無料で使えます。

*

ドコモの場合は、「dポイントクラブ会員」であれば、「d Wi-Fi」が使用可能です。

「d Wi-Fi」はスマートフォンとPCの合計5台を同時使用できます。

*

auの場合は、「au PAY」の会員であれば、「au Wi-Fi」が利用可能です。

接続にはアプリが必要です。

ただ、PCやゲーム機での接続は、「auスマートパスプレミアム」という有料サービスに加入する必要があります。

「auスマートパスプレミアム」には「VPN」によって回線を保護するサービスがあります。

回線加入者以外でも使える大手キャリアの公衆Wi-Fiサービス

サービス名	キャリア	条　件	使用制限など
d Wi-Fi	ドコモ	dポイントクラブ加入(無料)	スマートフォンとPCの合計5台を同時利用
au Wi-Fiアクセス	au	au PAY(無料) auスマートパスプレミアム(有 料)	無料はスマートフォンのみで、接続にはアプリが必要。 PCやゲーム機、VPNの使用は、「auスマートパスプレミアム」への加入が必要。

第8章

SSDの換装でUMPCを快適に

■英斗恋

大半の「UMPC」(Ultra-Mobile PC：超小型モバイルPC)のストレージは小容量ですが、一部製品は、「大容量のSSD」に換装できます。

8-1 NANOTE NEXT

SSDを換装する「UMPC」(ウルトラ・モバイルPC)「NANOTE NEXT」の仕様を確認します。

■3代目の「UMPC」

ドン・キホーテ各店舗での販売、安価な価格(税込32,780円)で話題になった超小型PC、「NANOTE」シリーズ。

昨年6月に3代目の「NANOTE NEXT」が発売され、「UMPC」の定番製品となりました。

NANOTE NEXT
(https://www.donki.com/j-kakaku/product/detail.php?item=3584)

■基本仕様

CPUは、「Intel Pentium J4205-1.5GHz」(最大2.6GHz)と、前機種の「Pentium N4200-1.1GHz」(最大2.4GHz)よりも若干高速ですが、重い処理は難しく、用途を選びます。

*

いちばんの改善点は、充電の「USB PD対応」で、「専用充電器」を持ち歩く必要がなくなり、前機種と比べ大きく可搬性が向上しました。

「Wi-Fi」は前機種と同様に2.4GHz帯のみで、通信の混雑時は、実効速度の懸念があります。

8-2 交換可能なストレージ

「NANOTE NEXT」では、記憶装置が基板直付けの「eMMC」から、「M.2ソケットのSATA SSD」に変更され、ユーザーが交換できるようになりました。

*

現在では256GB以上の「M.2 SATA SSD」も入手しやすく、窮屈に感じるなら大容量のSSDに換装するといいでしょう。

現行機種と前機種の仕様比較

	NANOTE NEXT	NANOTE P8
CPU	Pentium J4205 1.5GHz (最大2.6GHz)	Pentium N4200 1.1GHz (最大 2.4GHz)
コア数	クアッドコア	
GPU	Intel HD Graphics 505	
メモリ	8GB LPDDR4	
記憶域	64GB SSD	64GB eMMC
実装方法	M.2スロット	基板に直付け
ディスプレイ	7インチ、1920×1200ドット、IPS	
Wi-Fi	802.11b/g/n (2.4GHz帯のみ)	
Bluetooth	ver.4	
カメラ	前面 0.3MP	
バッテリ	7.6V / 2050mAh	
インターフェイス	①Type-C端子(充電用)、②USB3.0端子、③microHDMI端子、④3.5mmイヤホン端子、⑤スピーカー(×2)、⑥マイク、⑦microSDカードスロット(256GBまで)	
充電端子	USB PD対応	専用AC電源のみ
OS	Windows 10 Home、Office/Office Mobile	
発売日	2022年5月	2021年5月

■中国版Windows

「NANOTEシリーズ」は中国で製造されていることから、「中国版Windows」に「日本語の言語パック」を導入して日本語対応しています。

＊

大半のアプリは問題ありませんが、「Unicode非対応」で、日本語OSのみ動作保証している一部アプリは、OSの「地域」を「日本」と判定せず、インストールできません。

「日本語版Windows」ではないと判定
インストールを終了する「HD革命/BackUp」のインストーラ。

Windowsの「設定」→「地域」→「Unicode対応でないプログラムの言語」は「日本語」、コマンド・プロンプトでコード・ページを確認しても「SHIFT-JIS」で、ユーザーでは対応できません。

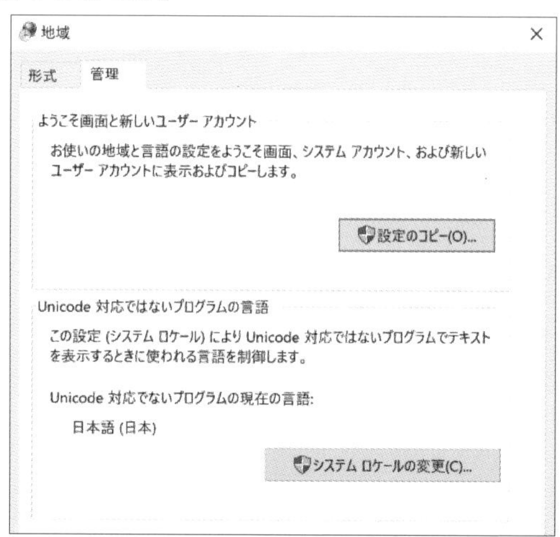

システム・ロケールは「日本語(日本)」

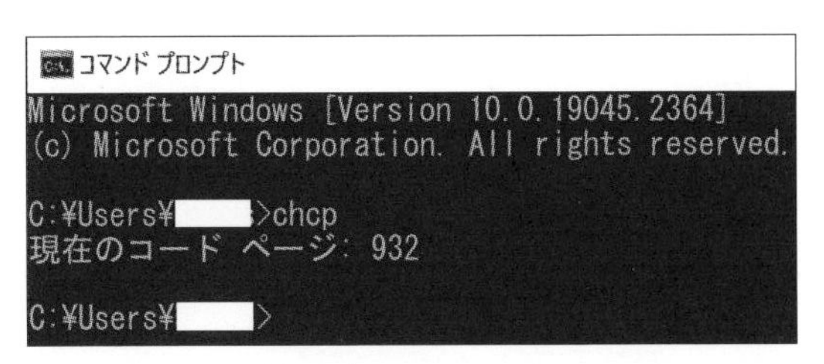

コード・ページは「932」(マイクロソフト拡張SHIFT JIS)

8-3 イメージの移行方法

現在SSDに入っているOS、ユーザー・ファイルを新しいSSDに移す方法を考えます。

■バックアップソフトでイメージをコピー

「新しいSSD」をPCにドライブとして認識させ、「バックアップソフト」で現在のSSDの内容全体を、「新しいSSD」にコピーします。

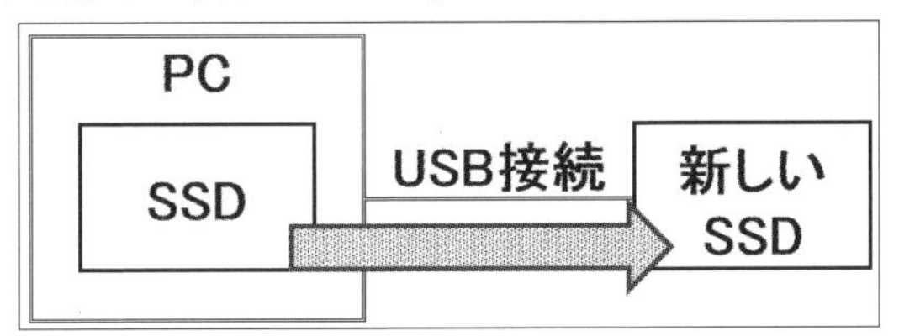

バックアップソフトで内容をコピー

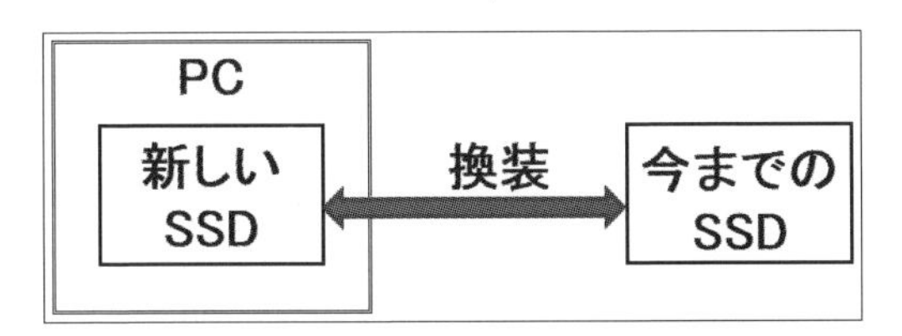

イメージをコピーしたSSDを本体に取り付ける

Windowsは不正コピー防止のため、「マザー・ボード」「CPU」などが変わると、ライセンスを確認しますが、「記憶装置の容量変更」ではライセンスを再確認しないため、コピー後は新しいSSDに交換するだけで使用できます。

■SSDエンクロージャ

マザー・ボードに直接取り付ける「M.2ソケット」の「SSD」を「USBドライブ」として認識させる「エンクロージャ」が販売されています。

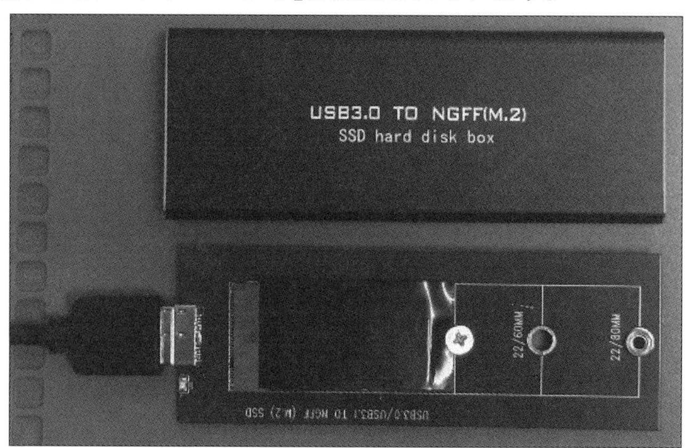

「エンクロージャ」のケース(上)とSSD搭載用基板(下)
3種類の大きさの「M.2スロット用SSD」を搭載可能。
UMPC用のいちばん小さい「2242(22x42mm)サイズ」を搭載。

「M.2ソケット」の電気的I/Fには種類があり、「NANOTE NEXT」では、「SATA対応エンクロージャ」を用います。

∨ デバイスとドライブ (3)

Norton Backup Drive	システム フォルダー		
ローカル ディスク (C:)	ローカル ディスク	237 GB	177 GB
Windows (D:)	ローカル ディスク	58.8 GB	27.7 GB

「換装後の旧SSD」に「エンクロージャ」を取り付け、USBに接続。通常の「D:ドライブ」として認識される。

■Windowsの「クリーン・インストール」

今回は、

(1) 使用を予定していた「HD革命 BackUp/Next Ver.5」が、本機のOSを「非日本語版」と判定しインストールできなかったこと
(2) 今後も他のソフトで同様の問題が起こる可能性があること

の2点を考慮して、新しいSSDに「日本語版Windows」をイチからインストー

ルし、「ユーザー・ファイル」を書き戻すことにします。

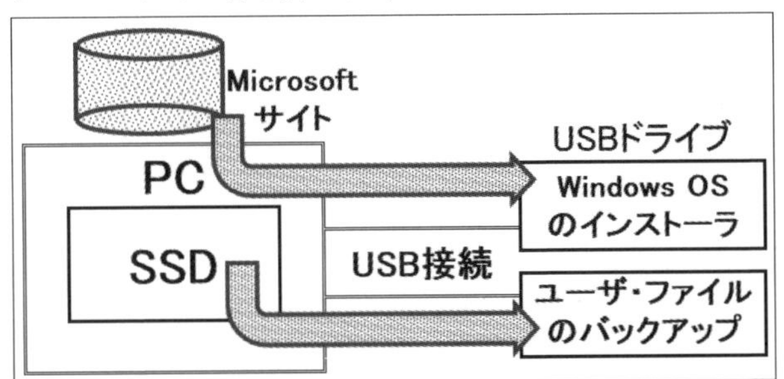

「Windows OSのインストーラ」をマイクロソフトのサイトからダウンロードして
「ユーザー・ファイル」は別途バックアップ

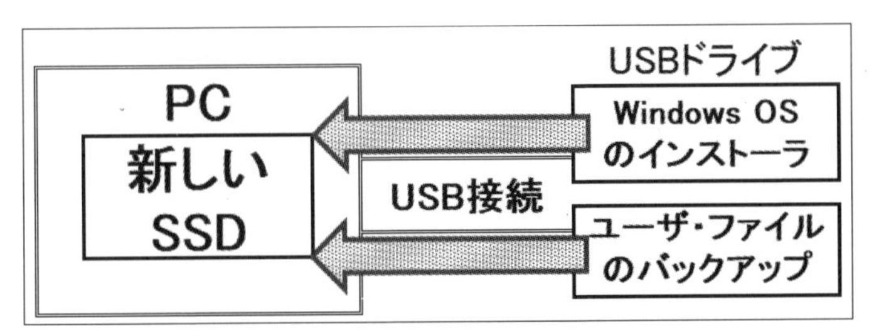

Windowsを新規インストールし、「ユーザー・ファイル」を書き戻す

■プロダクト・キー

SSD交換後の「Windowsのインストール」で入力するため、SSDの入れ替え前に「プロダクト・キー」をメモします。

いくつかの方法がありますが、ここではコマンド・プロンプトから、

```
wmic path SoftwareLicensingService get
OA3xOriginalProductKey
```

と入力して、文字列を取得します。

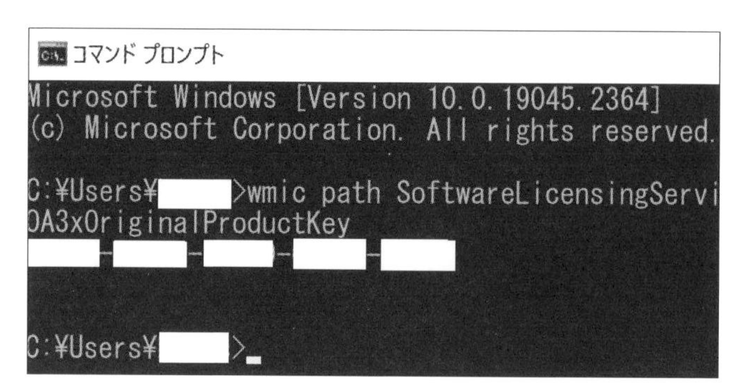

「コマンド・プロンプト」から「プロダクト・キー」を確認

■インストール・メディアの作成

「新品のSSD」からは「OS」を起動できないため、システムを起動しインストーラを実行する、「インストール・メディア」を作成します。

ブラウザから「https://www.microsoft.com/en-us/software-download/windows10」にアクセス、「Create Windows 10 installation media」の「Download」を押下、ダウンロードが完了したら、ファイルを実行します。

Create Windows 10 installation media

To get started, you will first need to have a license to install Windows 10. You can then download and run the media creation tool. For more information on how to use the tool, see the instructions below.

Download Now

「インストール・メディア作成ツール」のダウンロード・ページ

このツールは「Windowsのインストール・メディアを作る」ほか、「ダウンロードしたPCのOSアップデート」にも使われます。

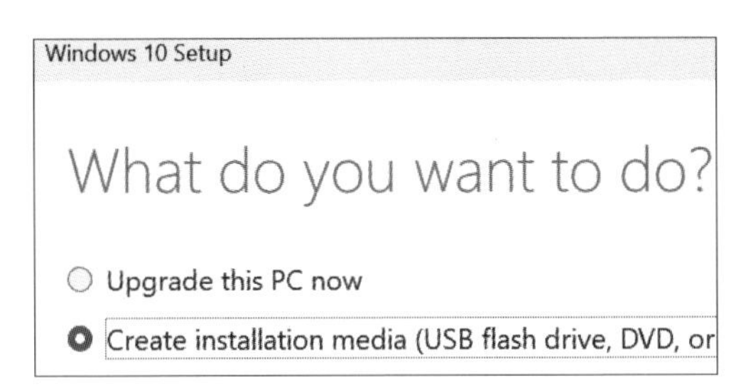

ツールを起動すると、「インストール・メディアの作成」のほか、
「PCのOSのアップグレード」を選択できる

Windowsのインストーラを収納する「USBドライブ」をPCに接続し、「メディア」(USB flash drive)と「OSの種別」(日本語、Windows 10、64ビット)を選択。

すると、USBドライブがブート可能な「Windowsインストール・メディア」になります。

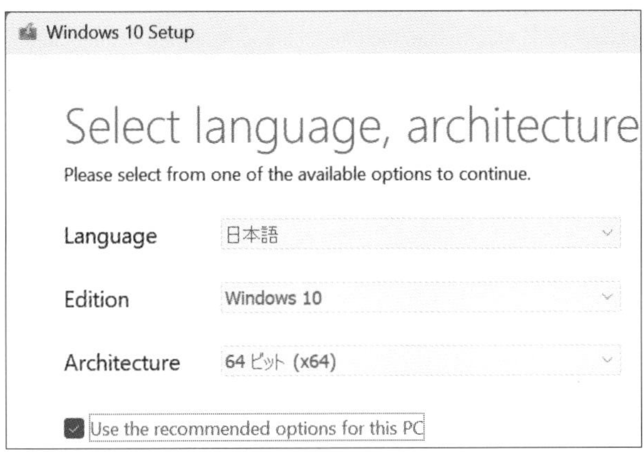

日本語、Windows 10、64ビット(x64)を選択

■ドライバのバックアップ

Windowsを新規インストールしてもWi-Fiを含む基本機能は動作するようですが、念のため、現在のシステムのドライバをバックアップし、インストール後に書き戻します。

＊

今回、実績があるフリー・ソフトの「Double Driver」(https://www.filecroco.com/download-double-driver)を使うことにします。

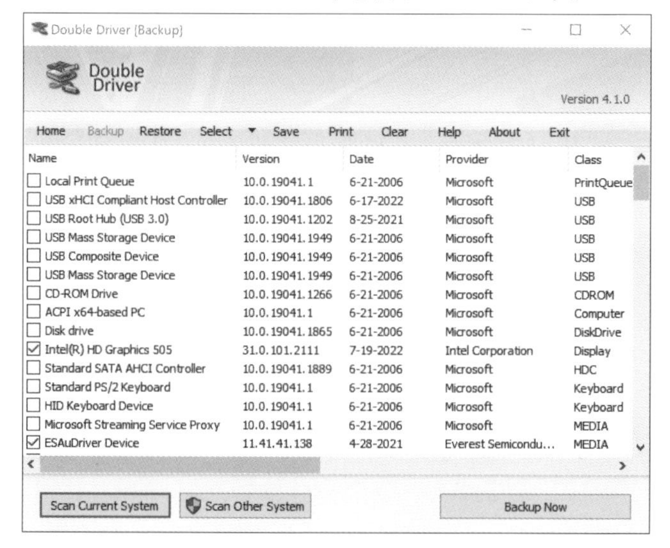

「dd.exe」を実行、「Scan Current System」を実行すると、ドライバのリストを作成

「Backup Now」押下で、ドライバ・イメージ一式を指定ドライブにセーブ。

バックアップ先にUSBドライブを指定して現在の内容をセーブするとともに、Windowsインストール後のリストア(書き戻し)時のために「Double Driver」自身をUSBドライブに置きます。

■SSDの交換

電源を切って本体底面を外し、静電気に気をつけながら新しいSSDに交換します。

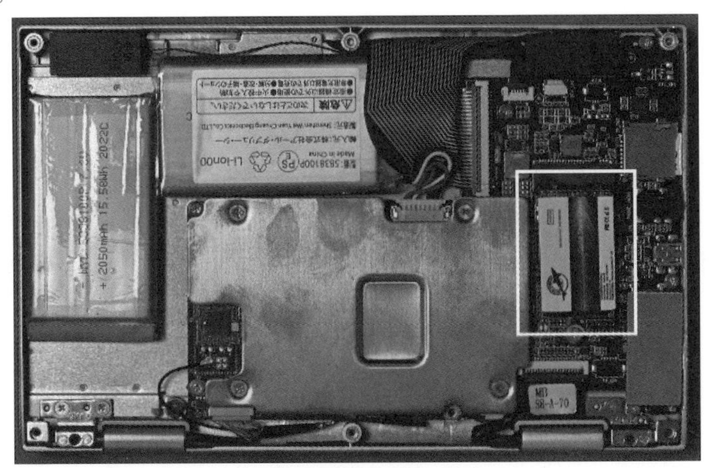

本体内部(SSDは右側枠内)

＊

本機は「SSD基板」の底面側の厚みがないことを想定しており、SSDは底面にあまり部品が実装されていないものを選びます。

今回使用した製品は、深圳の「Dogfish Technology」製の「Dogfish M.2 2242 SSD 256GB」です。

■Windows OSのクリーン・インストール

先ほど作成した「インストール・メディア」をUSBに挿して電源を起動すると、Windowsのインストール画面になります。

＊

インストールの入力項目は通常と同様ですが、インストーラは「UMPC」をタブレット端末と誤認し、縦画面表示でインストールが進みます。

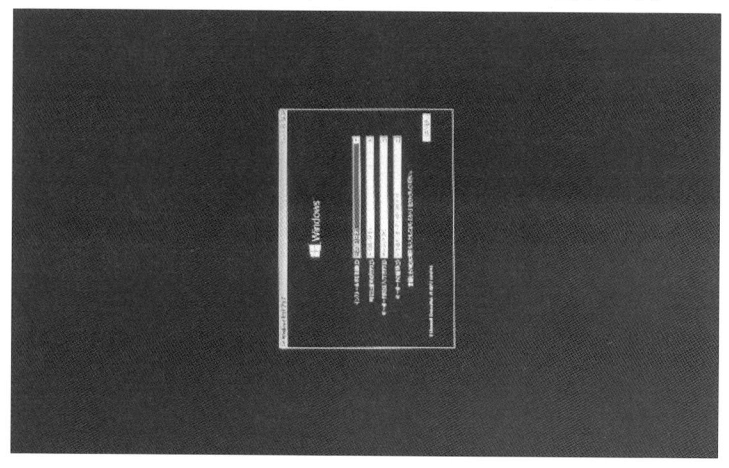

インストール画面は横向き

「SSD」を「インストール先」に指定。

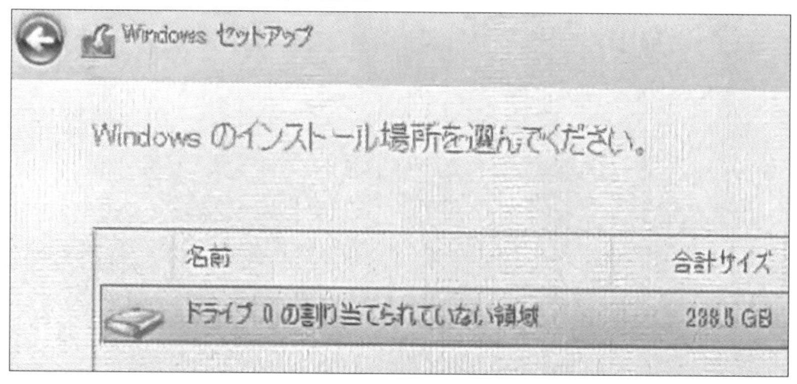

インストール先の選択(実際は横向き表示)
入れ替えたSSD「ドライブ0の割り当てられていない領域」を選択。

Windowsの再起動後に「設定」-「ディスプレイ」-「画面の向き」を横に指定します。

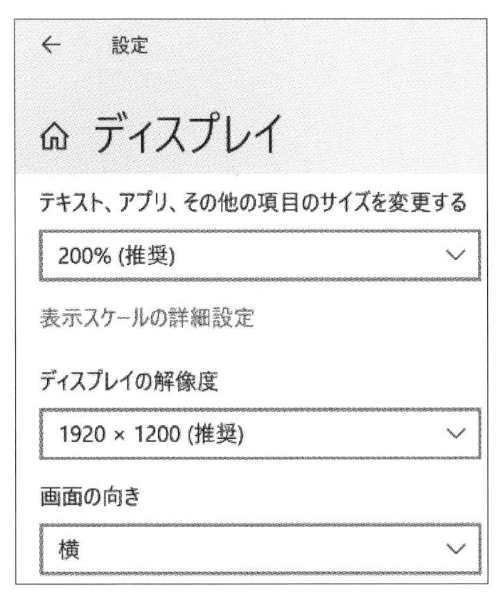

画面の向きを横に設定

■ドライバのリストア

USBドライブから「Double Driver」を起動、セーブしたディレクトリを指定し、「Restore Now」押下で、セーブした全ドライバを書き戻します。

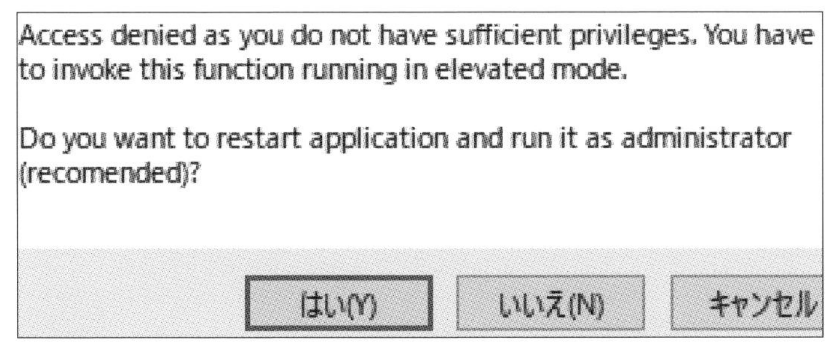

ドライバへのアクセス権限取得のための再起動確認画面

再起動後、Windowsのアクセス確認を承認すると、バックアップ・リストアが可能になります。

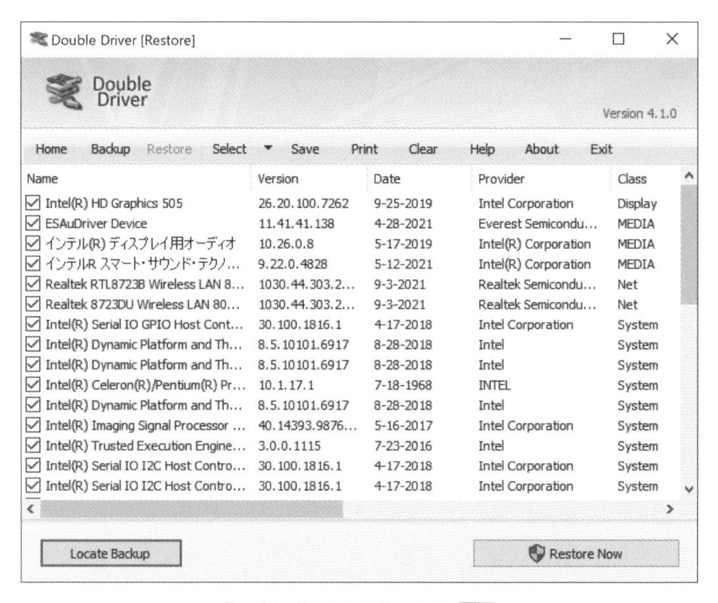

Double DriverのRestore画面
すべてのドライバを選択して「Restore Now」を押下。

■プロダクト・キーの再設定

「設定」→「ライセンス認証」→「プロダクト キーの変更」でメモしておいた本機の「プロダクト・キー」を指定します。

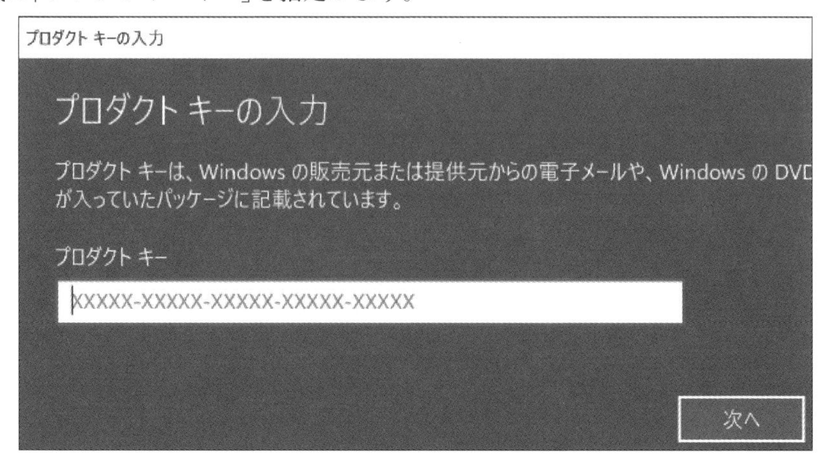

プロダクト・キーの入力画面

■ユーザー・ファイルの書き戻し

待避していた「ユーザー・ファイル」を書き戻せば、作業完了です。

＊

今回は「256GB」でしたが、より大容量のSSDに交換したユーザーもいるようです。

「UMPC」以外でも基本的な手順は同じなので、手持ちのPCのSSDが手狭に感じる場合は、交換を検討するといいでしょう。

第9章

「グラフィックボード」と「ドライバ」

■本間 一

「グラフィックボード」の動作には、「ドライバ」が不可欠です。

「グラフィックボード」と「ドライバ」の関係性を知ると、「グラボ」の動作設定の最適化を図ることができ、PCを円滑に運用できます。

9-1 「GPU」の役割の変化

PCには、映像情報を処理する機能が装備されていて、その処理を担当する回路を「GPU」(Graphics Processing Unit)と呼びます。

一般に「GPU」は「CPU」のような形のプロセッサを指しますが、「グラフィックボード」(以下「グラボ」)を「GPU」と呼ぶ場合もあります。

*

黎明期のPCでは、「GPU」はグラフィック処理だけを担当していました。

当時のPCは、ほとんどの処理を「CPU」で行ない、「CPU」は常に多忙だったため、多くのユーザーにとってPCは慢性的に性能不足でした。

現在では、かつて「CPU」が担当していた処理の一部を「GPU」で処理する技術が開発され、「GPU」と「CPU」が連携して、より高度かつ高速な処理を効率的に行なっています。

9-2 多様化する「GPU」の形態

PCの構成で、「GPU」がどのように装備されているかを知っておくことは、PC運用の重要事項の一つです。

基本的確認事項は、"「マザーボード」に「GPU」が搭載されているかどうか"です。

「マザーボード」上に「GPU」が搭載されている場合、「マザーボード」には、「HDMI」「DVI」「DisplayPort」などの映像出力端子があります。

「GPU」がない場合は、「グラボ」を取り付けて、「グラボ」の映像出力端子を「外部モニタ」(ディスプレイモニタ)につなぎます。

*

近年、「CPU」に「GPU」を搭載したプロセッサが使われるようになり、そのような「GPU」を「**統合GPU**」(**Integrated GPU**)と呼びます。

「AMD」は、「GPU搭載CPU」を「**APU**」(**Accelerated Processing Unit**)と名付けました。

一方、Intelの「GPU搭載CPU」は、特別な名称はありません。

どちらのメーカーの「CPU」でも、購入時には「統合GPU」の有無を確認する必要があります。

たとえば、「Core i5 12400」は「**UHD Graphics 730**」という「GPU」を搭載し、「Core i7 12700K」は「**UHD Graphics 770**」を搭載しています。

基本的に、上位の「CPU」には、より高性能な「GPU」が搭載されるので、「CPU」を選ぶ際には、「GPU」の性能も確認しておくといいでしょう。

もちろん、「GPU搭載CPU」は、「非搭載CPU」よりも高価ですが、その価格差は数千円程度なので、「GPU搭載CPU」はコストパフォーマンスに優れています。

*

「GPU搭載CPU」の発売に合わせて、"映像出力端子の使用には、「GPU搭載CPU」が必要"という仕様の「マザーボード」が登場しました。

そのような「マザーボード」にGPU非搭載の「CPU」を取り付けた場合には、映像出力端子は使えないので、マザーボードの「PCI Express」スロットに「グラボ」を取り付ける必要があります。

また、「**オンボード・グラフィック**」(マザーボード上のグラフィック機能)を搭載していて、“「GPU搭載CPU」を取り付けると、マルチモニタの使用可能台数が増える”というタイプの「マザーボード」もあります。

たとえば、“「オンボード・グラフィック」で2台のモニタが使用可能で、さらに「CPU」の「統合GPU」で2台のモニタを追加して、最大4台のモニタを使える”といった仕様です。

そのような「マザーボード」に「グラボ」を追加すると、比較的低コストで、6～7台のマルチモニタ環境を構築できます。

第12世代インテルCPU対応のマザーボード「PRO B660M-A DDR4」(MSI)
映像出力端子4つのうち、2つは「オンボード・グラフィック」の出力。

9-3 相性問題をどう捉えるか

新規にPCを組む場合には、「GPU搭載CPU」「オンボード・グラフィック」「グラボ」という選択肢の中から、映像出力をどうするか考える必要があります。

1台のPCで複数の「GPU」を使う場合には、なるべく同じシリーズの「GPU」で揃えると、複数の「ドライバ」をインストールする必要がなくなり、PCの動作は安定しやすくなります。

たとえば、「マザーボード」に「オンボード・グラフィック」が搭載されていて、性能強化のために異なる「GPU」を搭載した「グラボ」を追加すると、1台のPCに異なる種類の「GPU」が同居する状況になります。

そのような状況は、1台のPCで仕様の異なる複数の映像出力系を管理することになり、動作の不安定要因になる可能性があります。

*

Windows 10の時代になってからは、異なる「GPU」同士の相性問題は起こりにくくなっていますが、“「グラボ」を追加して複数の「GPU」を同時利用する際には、なるべく同じシリーズで揃えたほうがベター”ということは、頭の片隅に置いておくといいでしょう。

ここで言う「シリーズ」とは、「マザーボード」や「グラボ」などのパーツ製品ではなく、「GPU回路のシリーズ」であり、それは一般に「インテル/AMD/NVIDIAのGPU」を指します。

たとえば、「AMD」なら、「Radeon」シリーズ、「NVIDIA」なら「Geforce」シリーズの系統です。

ただ、「オンボード・グラフィック」、または「統合GPU」を搭載したPCに、1枚の「グラボ」を追加するような場合には、ほとんど相性問題は起こらないでしょう。

2枚以上の「グラボ」を追加する場合には、同系統の「GPU」を搭載した「グラボ」で揃えると、「ドライバ」のインストールがスムーズに完了するので、お勧めです。

9-4 「ドライバ」の入手先による違い

■Windowsで自動インストール

「グラボ」をPCに取り付けてWindowsを起動すると、「グラボ」の「ドライバ」が自動的に読み込まれて、使えるようになります。

「GPU」の開発メーカーはマイクロソフトに「ドライバ・ソフトウェア」を提供していて、その「ドライバ」はWindowsに含まれています。

ただし、Windowsに含まれるのは、グラボを動作させる基本的な「ドライバ」だけですが、PCの一般用途では、そのまま問題なく使えます。

■付属の「ドライバ・ディスク」とメーカー公式サイト

グラボ製品を購入すると、「ドライバ」を収録したディスク(DVD)が付属しています。

「ドライバ」のインストールには、このディスクを使ってもかまわないのですが、グラボメーカーの公式サイトで最新バージョンの「ドライバ」を確認することをお勧めします。

ディスクの「ドライバ」と「最新ドライバ」で、バージョンナンバーが、かけ離れている場合は、「最新ドライバ」を使ったほうがいいでしょう。

■GPU開発元

「GPU」のチップや基本的な回路の設計は、開発元の「AMD」や「NVIDIA」が行なっています。

グラボメーカーは、その情報をもとにグラボを開発し、「GPU」などの主要パーツを仕入れて「グラボ」を作ります。

「AMD」や「NVIDIA」の公式サイトでは、「最新ドライバ」と旧バージョンの「ドライバ」をダウンロードできます。

GPU開発元の公式サイトでは、グラボメーカーの公式サイトよりも新しい「ドライバ」が入手できる場合があります。

9-5 通常版と安定版の「ドライバ」

「グラボ」の「ドライバ」は、「通常版」(標準版)か「安定版」を選んで利用できます。

■通常版

「通常版」は、グラボの性能を充分に引き出せるように設定された「ドライバ」で、高画質な動画再生や、3D-CGのゲームプレイなどに向いています。

もちろん、ブラウザやワープロなど、一般的なソフトの利用でも問題ありません。

ただ、連続的な高負荷が長時間続く利用方法では、「グラボ」への負担が大きくなることに留意してください。

通常版ドライバの名称は、NVIDIAでは「Game Ready ドライバ」、AMDでは「AMD Software:Adrenalin Edition」と呼びます。

■安定版

「安定版」は、「コンピューター支援設計(CAD)」「ビデオ編集」「アニメーション制作」「グラフィックデザイン」などの、「業務用ソフト」向けに最適化されたドライバです。

「エンタープライズ版」や「ステイブル(Stable)版」などと呼ばれる場合もあります。

「安定版ドライバ」は、「NVIDIA」や「AMD」などGPU開発元の公式サイトからダウンロードできます。

安定版ドライバの名称は、NVIDIAでは「Studioドライバ」、AMDでは「エンタープライズ向けRadeon Proソフトウェア」と呼びます。

9-6 「ドライバの更新」は必要か？

GPU開発元では、特定のGPU搭載製品が終息するまでは、「ドライバ」の改良を続けて、新バージョンの「ドライバ」を提供します。

新バージョンの「ドライバ」が提供されたら、積極的に「ドライバ」を更新するユーザーは多いと思います。

*

しかし、「現状で何も問題なく動作している」「ソフトやゲームの利用で、ほぼ不満な点はない」という、2つの安定状態を保持している場合には、更新しないことをお勧めします。

PCの運用の基本には、「安定動作している設定は変更しない」という考え方があります。

ただし、「特定の状況で動作しなくなる問題が発生」「セキュリティに問題がある」など、メーカーから重大な不具合が発表された場合には、速やかに「ドライバ」を更新してください。

9-7 「ユーティリティ」の活用

「グラボ」は、いくつかの「パラメータ」(設定値)を、ユーザーが変更できるように設計されています。

変更可能な主なパラメータには、「GPUクロック」「メモリクロック」「電圧」「最大温度」「冷却ファンの回転数」などがあります。

一部のグラボメーカーは、これらのパラメータを設定する「ユーティリティ」(設定変更ソフト)を無償提供しています。.

ユーティリティは、おおむね互換性があるので、他メーカーのグラボも設定できます。

グラボ設定ユーティリティ「Afterburner」(MSI)

第10章

仕事で使える「ごみ箱」のライフハック

■本間　一

PCを使っていると、「キーの押し間違い」などの「うっかりミス」で、必要なファイルが消えてしまったなどの体験があると思います。

ユーザーの利用状況に合わせて、Windowsのファイル管理を適切に設定しておくと、操作ミスによってファイルを消失する確率を低減できます。

10-1　ごみ箱

■「ごみ箱」の基本操作

「ごみ箱」は、削除したファイルを一時的に保管する機能です。

必要なファイルをうっかり削除してしまった場合には、「ごみ箱」の中から復元できます。

＊

デスクトップの「ごみ箱」アイコンをダブルクリックすると、エクスプローラに「ごみ箱」の中身が表示されます。

復元したいファイルを右クリックして、メニューから「元に戻す」をクリックします。

※「元の場所」のフォルダが存在しない場合には、そのフォルダ構造とともにファイルが復元されます。

なお、ファイルを削除した直後に限り、ホットキー[Ctrl] + [Z]の操作で、ファイルを復元できます。

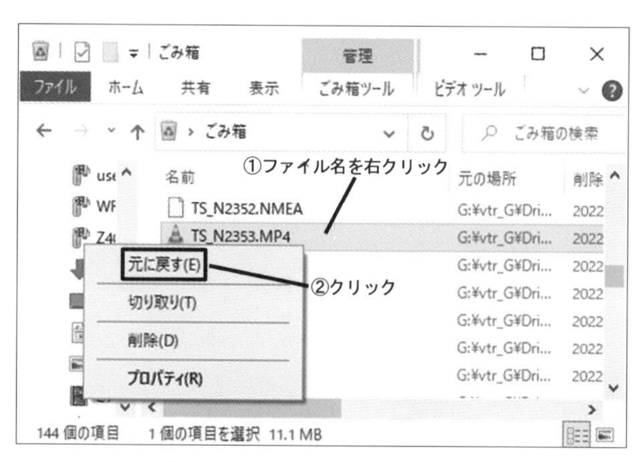

「ごみ箱」のファイルを元に戻す操作

■「ごみ箱」のサイズ設定

「ごみ箱のサイズ」(容量)を初期設定のまま使っているユーザーは、多いかもしれません。

＊

初期設定の「ごみ箱」のサイズは、「ストレージ」(HDDやSSDなど)の容量の「約5.5%」に設定されます。

「ごみ箱」に入ったファイルの総量が設定サイズを超えると、古いファイルから順次消去されます。

「ごみ箱」から消去されたファイルは、復元できなくなります。

＊

比較的小さめのファイルを扱うことが多い場合には、ほぼ「初期設定」で問題ありません。

しかし、サイズの大きいファイルを頻繁に扱って、削除操作の頻度が高い場合には、「ごみ箱」の設定を確認することをお勧めします。

■サイズ設定の確認

手 順

[1] デスクトップの「ごみ箱」アイコンを右クリックして、メニューから「プロパティ」をクリックすると、「ごみ箱のプロパティ」ダイアログが開きます。

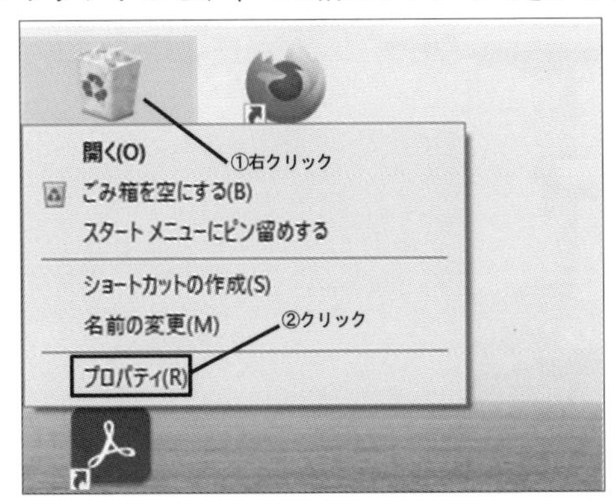

ごみ箱の「プロパティ」を開く

[2] 「ごみ箱の場所」のリストから、確認したい領域名を選択。

「最大サイズ(MB)」欄の数値を確認し、必要に応じて変更します。

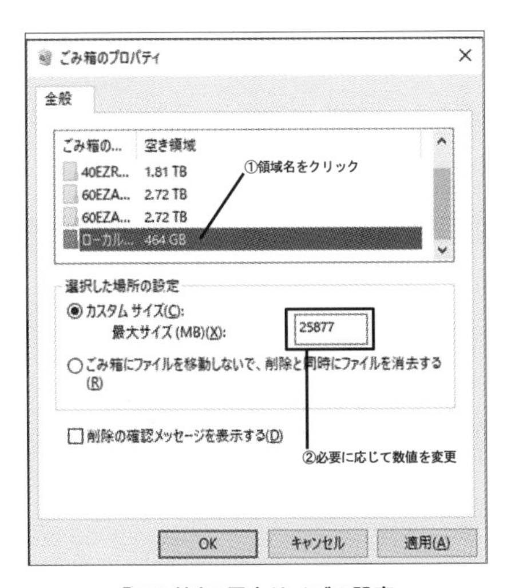

「ごみ箱」の最大サイズの設定

■「ごみ箱」アイコンの表示切り替え

「スタートメニュー」から「設定」を開き、「個人用設定」をクリック。

「個人用設定」の項目から「テーマ」をクリックしてから、下方にスクロールさせて、「関連設定」の「デスクトップアイコンの設定」をクリックします。

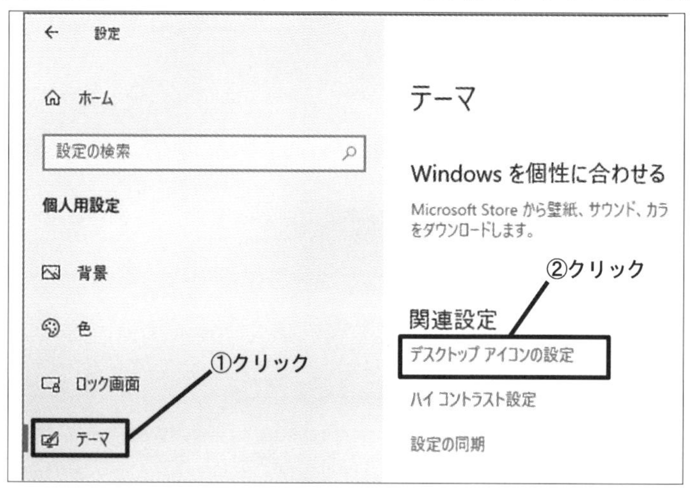

「デスクトップアイコンの設定」ダイアログを開く

＊

「デスクトップアイコンの設定」ダイアログの「ごみ箱」のチェックが「オン」になっていると、「ごみ箱」アイコンが表示されます。

「ごみ箱」アイコンを「非表示」にしたい場合は、チェックを「オフ」にしましょう。

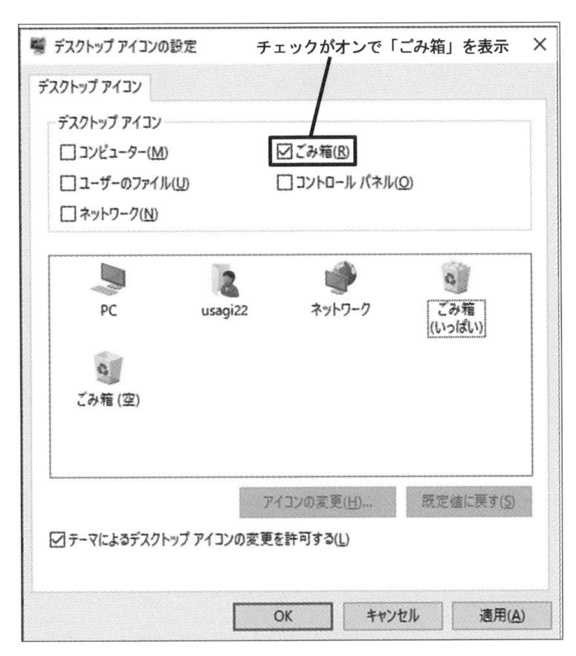

「ごみ箱」アイコンの表示切り替え

■自動削除の設定

●ストレージ・センサ

「設定」画面から「システム」を開き、その項目から「ストレージ」をクリック。
「ストレージ」のボタンをクリックするたびに、オン/オフが切り替わります。

「ストレージ・センサ」を実行するタイミングを変更する場合は、「ストレージ・センサを構成するか、今すぐ実行する」のリンクをクリックします。

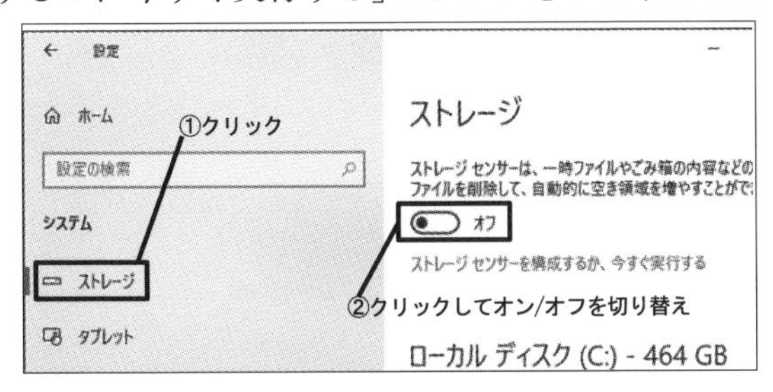

「ストレージ・センサ」の設定画面を開く

「ストレージ・センサ」を「オン」にすると、保存領域が不足したときに、自動的に不要ファイルが削除され、保存領域を増やします。

大容量ストレージを使っていて、常に保存領域に余裕がある場合には、「ストレージ・センサ」は「オフ」のままで差し支えありません。

ノートPCなどで、保存領域が不足しがちな場合には、「オン」にします。
そのような場合には、「ストレージ・センサを実行するタイミング」を「毎週」や「毎月」などに設定しておくといいでしょう。

●「一時ファイル」のスケジュール

保存領域が少ない場合には、「一時ファイル」のスケジュールを設定しておくと、「ごみ箱」のファイルを定期的に自動削除して、保存領域を確保できます。

■エクスプローラの「ごみ箱」

●アドレスバーから「ごみ箱」を開く

エクスプローラで「PC」を開いて、アドレスバー左端のアイコン右側のシェブロン(>)をクリックすると、メニューが表示されます。

そのメニューから「ごみ箱」をクリックすると、「ごみ箱」の内容が表示されます。

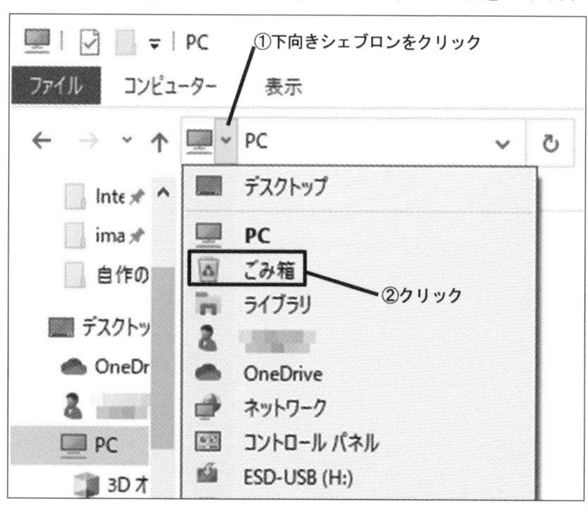

エクスプローラから「ごみ箱」を開く

●「フォルダ・ツリー」に「ごみ箱」を表示

エクスプローラの初期設定では、「ナビゲーションウィンドウ」(左ペインのフォルダ・ツリー)には「ごみ箱」が表示されていません。

「ごみ箱」を表示しておくと、「ごみ箱」の確認がしやすくなります。

＊

エクスプローラの「リボンタブ」で「表示」をクリックして、「オプション」ボタンをクリックすると、「フォルダーオプション」ダイアログが開きます。

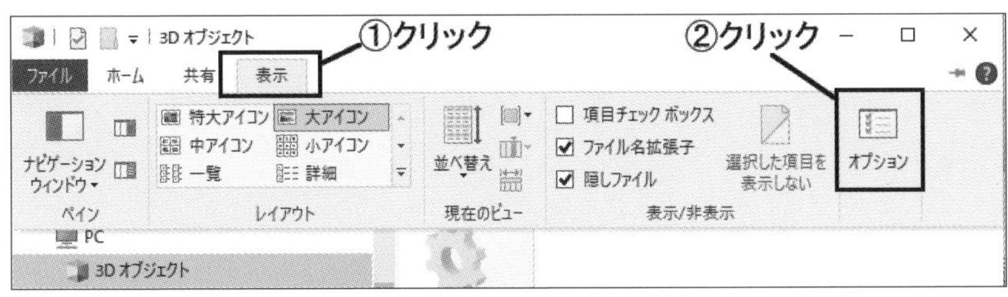

「フォルダーオプション」を開く

そして、「表示」タブをクリックして、[詳細設定]の[ナビゲーションウィンドウ]で、「すべてのフォルダーを表示」にチェックを入れると、「ナビゲーションウィンドウ」に「ごみ箱」の項目が表示されるようになります。

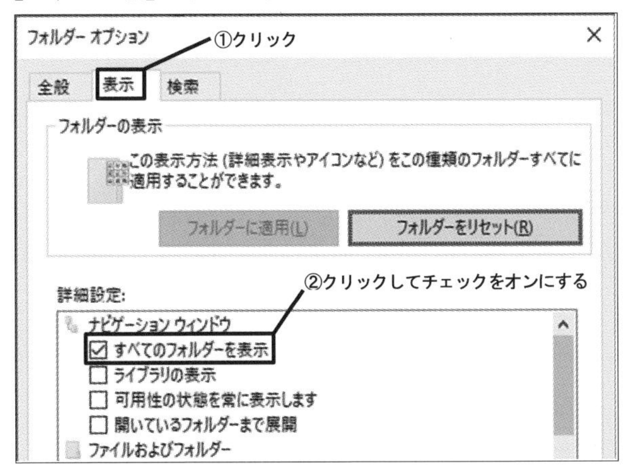

「フォルダーオプション」ダイアログ

10-2 ファイル履歴

「ファイル履歴」は、一定の時間ごとに、変更されたファイルのバックアップを自動保存する機能です。

同じファイルの変更履歴を保存できるので、特定のファイルを過去に遡って復元できます。

*

「ファイル履歴」はコントロールパネルから開けます。
「ファイル履歴」を「オン」にすると、ファイルを失う危険性は格段に下げることが可能です。

ただし、同名ファイルをいくつも保存することになるので、多くの保存領域が必要になります。

ファイル履歴

10-3 うっかり消したデータの復元

■削除したファイルはすぐに消えない

ファイルを削除すると、エクスプローラからは見えなくなりますが、完全にファイルの中身が消えてしまったわけではありません。

ストレージには、データのすべて、または多くの部分が残っています。

*

システムはファイル削除時に、ファイルの一部を書き換えて、ファイルが使えない状態にします。

そのような削除手法によって、ファイル操作を高速化しているのです。

たとえば、ファイルサイズの大きな動画ファイルを削除する際に、完全なデータ消去には長時間かかり、それが終わるまでは次のデータの読み書きに時間がかかる状態が続きます。

そこで、見た目上、ファイルが消えたことにすれば、ストレージはすぐに使える状態になるわけです。

*

ファイル削除の操作が行なわれたあとに、ストレージに残された見えないファイルがその後どうなるかと言えば、しばらくの間はそのまま残っています。

その見えないファイルの領域は、通常の「空き領域」と同様に他のファイルを書き込める状態になっているので、PCを使っていると、やがて他のデータが上書きされて、見えないファイルはほぼ完全に消えます。

■削除ファイル復元の可能性

もし「うっかり必要なファイルを削除してしまって、ごみ箱にも存在しない」という事態が起こった場合には、削除ファイルの領域が上書きされていなければ、ファイルを復元できる可能性があります。

しかし、そのファイルのデータはいつ消えてもおかしくない状態にあります。

削除ファイルを復元したい場合には、新たなファイルを保存しないようにして、少しでも早く対処することが大切です。

*

削除ファイルは、おおむね以下3つの状態に分類できます。

・復元可能
・部分的に復元可能
・復元不可能

削除ファイルの領域が部分的に上書きされている場合には、残された部分を復元できる可能性があります。

ただし、部分的な復元ファイルは、必要な情報が欠けている場合があり、そのまま利用できるとは限りません。
運が良ければ、そのファイルの対応ソフトで開けるでしょう。

■ファイル復元ソフト

●「Recuva」でファイル復元

「ファイル復元ソフト」を使えば、簡単な手順で「削除ファイル」を調べることが可能です。

*

「ファイル復元ソフト」には、「無償」と「有償のソフトがありますが、削除ファイルの「検索」や「復元」の基本的な機能は、「無償ソフト」で対処できます。

「Recuva」は、イギリスの「ピリフォーム」(Piriform Software Ltd.)が提供するファイル復元ソフトです。

「Recuva」には、「無償版」と「有償の高機能版」である「Recuva Professional」があります。

「Recuva」は「日本語」に対応しています。

インストール用の実行ファイルを起動したら、画面右上の「English」をクリックして、メニューから「Japanese(日本語)」をクリックしてください。

【公式サイト】Recuvaのダウンロード
https://www.ccleaner.com/ja-jp/recuva/download

●削除ファイルの「検索」と「復元」

「Recuva」を起動すると、チュートリアル方式で削除ファイルを検索する「Recuvaウィザード」の画面が表示されます。

通常の「Recuva」のインターフェイスを使う場合には、「起動時にウィザードを表示しない」のチェックを「オフ」にして、右上の「×」または「キャンセル」ボタンをクリックします。

*

「削除ファイル」は、次の5ステップの操作で復元できます。

手　順

[1] 検索場所を選ぶ
ドライブ選択ボタンのプルダウンメニューから、「検索場所」を選びます。

[2] 検索対象の種類を選ぶ
検索欄に「ファイル名」や「フォルダ名」などを入力すると、対象ファイルを絞り込めます。

ワイルドカード(「*」や「?」などの特殊文字)も使えます。

検索欄右端の「シェブロン」(下向きの記号「>」)をクリックすると、リストから「ピクチャ」や「ドキュメント」など、ファイルの種類を選べます。

[3] 「スキャン」ボタンをクリック
ドライブを検索して、ファイルが見つかるとリストに表示されます。

*

リスト項目の「状態」には、復元できるかどうかの指標が表示されます。

「状態」の表示が「**高確率**」の場合には、ほぼ正常にファイルを復元できます。
「**低確率**」の場合には、復元ファイルが使えない可能性が高くなります。
「**復元不可能**」の場合には、一応ファイルは復元されますが、内容のほとんどが消失した状態です。

＊

「コメント」欄には、「上書きの有無」などの情報が表示されます。

[4]復元の対象ファイルのチェックを「オン」にする

[5]「復元」ボタンをクリック

「復元」ボタンをクリックすると、「フォルダーの参照」ダイアログが開きます。

「保存先」のフォルダを選んで「OK」ボタンをクリックしましょう。

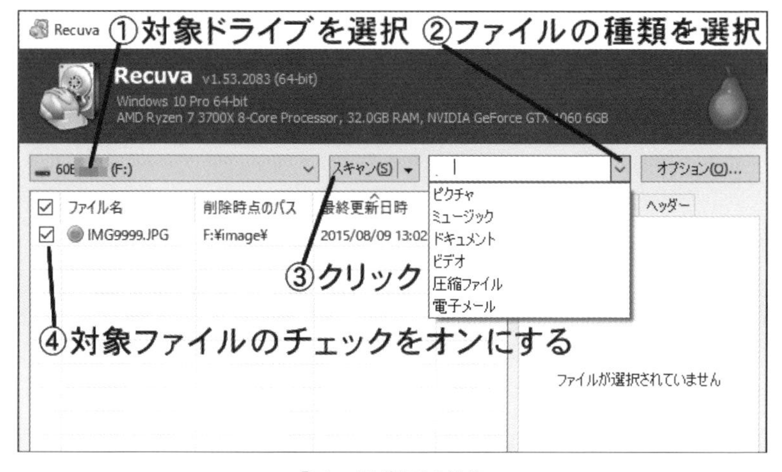

「ファイル復元」の操作

第11章

リモートワークの小ワザ

■大澤　文孝

リモートワークを採用する企業が増え、自宅で仕事をする機会が増えてきています。
そこで、リモートワークの小ワザをいくつか紹介します。

11-1　「仮想デスクトップ」を使う

仕事をするには、「仕事以外のもの」をデスクトップに置くことは、あまり良くないです。関係ないものは、表示しないのがいいでしょう。

それには、主に2つの方法があります。

●①ユーザーを切り替える

「個人のユーザー」とは別に、「仕事用のユーザー」を作り、そちらで作業するようにします。

この方法だと、完全に切り替えられます。

別のユーザーを作る

●②「仮想デスクトップ」を使う

①の方法は、サインインし直すのが煩雑です。

そこで簡易な方法として、Windowsの「**仮想デスクトップ**」の機能を使うのもいいでしょう。

＊

「仮想デスクトップ」は、複数のデスクトップ画面をもち、それらを切り替えられるものです。

[Windows]＋[Ctrl]＋[D]キーを押すと、「仮想デスクトップ」が追加され、まっさらなデスクトップが作られます。

そして[Windows]＋[Ctrl]＋[←]/[→]のキーで、デスクトップを切り替えられます。

＊

アプリケーションのウィンドウは、それぞれのデスクトップに置けるので、作業ごとに必要なアプリケーションを置いて作業できます。

ウィンドウを置くデスクトップを変更するには、[Windows]＋[Tab]キーを押します。

すると、アプリケーションのウィンドウ一覧が表示され、画面下にデスクトップの一覧が表示されます。

ドラッグ＆ドロップ操作で、どのデスクトップに、どのアプリケーションを置くかを操作できます。

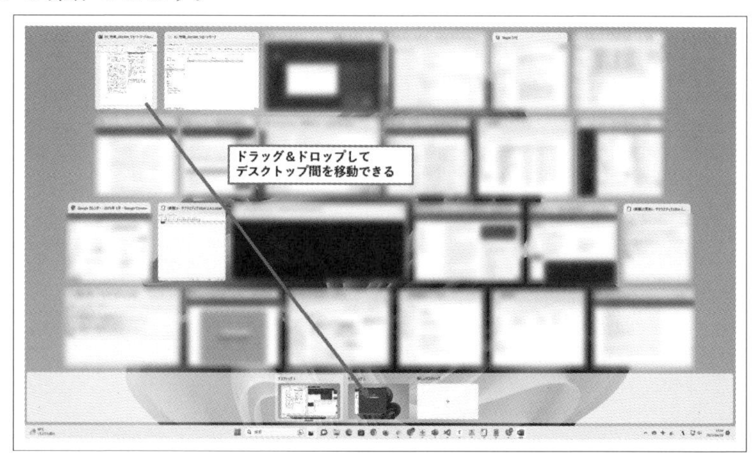

「仮想デスクトップ」を使う

11-2 「リモート会議」を快適にする

リモートワークでは、会議をする機会が多いです。
会議しやすい環境を整えることも重要です。

■マイクとヘッドセット

まず、「**マイク**」と「**ヘッドセット**」を検討します。

＊

マイクが悪いと、相手とうまく会話できないことがあるので、外付けのマイクを使うのがいいでしょう。

ヘッドセットは、好みもありますが、筆者は、「外の音が聞けるもの」「耳が疲れないもの」を基準に選んでいます。

職種にもよりますが、ずっと会議しっぱなしのことも多く、耳を塞ぐようなものを長時間使っていると、疲れるからです。

また、家にいるときは、呼び鈴が鳴ったり、電話が鳴ったりすることもありますから、外の音を聞けないと不便です。

＊

筆者は普段、次の2つのヘッドセットを使い分けています。

●①OpenComm Shokz

マイク付きの「骨伝導ヘッドセット」です。

骨伝導で音を聞くため、耳が完全に解放されており、長時間付けていても疲れません。

ただし、振動で音を聞くタイプですから、人によっては、「むず痒い」と思うかもしれません。

骨伝導ヘッドセット「OpenComm Shokz」

●②LinkBuds

穴が空いているソニーのヘッドセットです。

耳の中にすっぽり隠れるため、「顔出ししないといけない」ときには、こちらを使っています。

片耳ずつ充電できるので、片方ずつ使うことで、充電切れを気にせずに使えるのも魅力です。

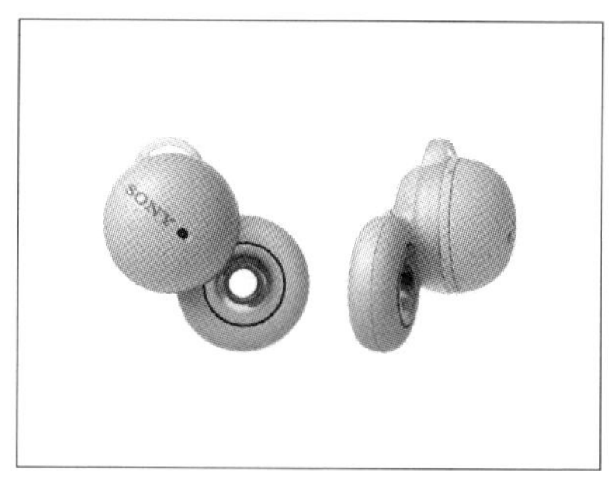

LinkBuds

■デュアルディスプレイ

会議のときは、可能な限り「**デュアルディスプレイ**」にして、2枚目のディスプレイを全画面共有にしています。

そうすると、相手に見せたいものは2枚目に置けば、どれでも共有できるからです。
ちょっと図に描いて説明したいことなども、2枚目のディスプレイにペイントなどのソフトを起動して、マウスで絵を描いて伝えるといったこともしやすいです。

> ※企業によっては、画面共有はウィンドウ単位とし、全画面共有を禁止しているところもあります。
> ポップアップや通知のメッセージが映り込んで、情報漏洩につながるというのが理由です。
> 通常、2画面目にはポップアップ表示は出ないはずですが、念のため、注意してください。

11-3 作業時間の記録

リモートワークでは、作業時間を記録して報告しなければならない場面もあります。
Excelシートで管理することもできますが、ツールやソフトを使うのもいいでしょう。

*

よく使われているのが、「**Toggl**」(https://toggl.com/)です。
「Toggl」を使うと、プロジェクトごとの作業時間を登録して、集計できます。

Googleアカウントでサインインできるため、Googleアカウントを保有していれば、すぐに使いはじめられます。
残念ながら、現時点では日本語のUIはありませんが、日本の環境でも問題なく使えます。

Toggl

11-4 スマホの活用

リモートワークでは、スマホも活用できます。

■手書きのメモのスキャン

「スマホのカメラで手書きのメモを撮影し、それをPCに送信する」というのは、よくやる作業です。

写真の転送には、「USBメモリ」を使ったり、「インターネットの共有ドライブ」(「OneDrive」や「Google Drive」など)を使ったりする方法もありますが、容量が大きくなければ、「Bluetooth」で送信するのが手軽です。

Androidスマホであれば、[共有]メニューから、あらかじめペアリング設定しておいたPCにファイルを送信できます。

■通知の受け取り

リモートワークでは、業務時間中は、迅速な応答が求められることも多いです。

そうした場面では、スマホで、さまざまな通知(たとえば、「Slack」などのツール)を受けられるように設定しておきます。

もしスマートウォッチをもっているのであれば、それらで通知を受け取れるようにするのもいいでしょう。

※企業によっては、スマホで「Slack」などのツールを利用することを禁止しているところもあります。
スマホは紛失しやすいというのと、スマホで仕事をすると、業務時間が管理しにくくなるなどが理由のようです。

11-5 情報を安全に扱う

リモートワークでは、さまざまな情報を扱うこともあり、その流出に注意しなければなりません。
「ウイルス対策ソフト」などをインストールして、悪意のあるプログラムの影響を受けないようにすることはもちろんですが、盗難などからも守る必要があります。

■「BitLocker」で暗号化する

もし、Windowsの「Proエディション」を使っているのであれば、ディスクを2つのドライブに分けて、少しだけ、「BitLocker」で暗号化したドライブを作っておくと、とても便利です。

重要なファイルは、「BitLocker」で作成した暗号化ドライブに保存するようにすれば安全です。

■「リモートデスクトップ」を活用する

別の考え方として、「そもそも、データをリモートに置かない」という考え方もあります。

「リモートデスクトップ」などを使って、会社(もしくは自宅)のPCにアクセスし、外出先にはデータを持っていかないようにするということです。

この方法なら、PCを紛失したとしても、そのPCには一切のデータが入っていないので安心です。

そのPCに入っていた、「ログイン情報」で、「リモートデスクトップ」を使えないように設定すればいいからです。

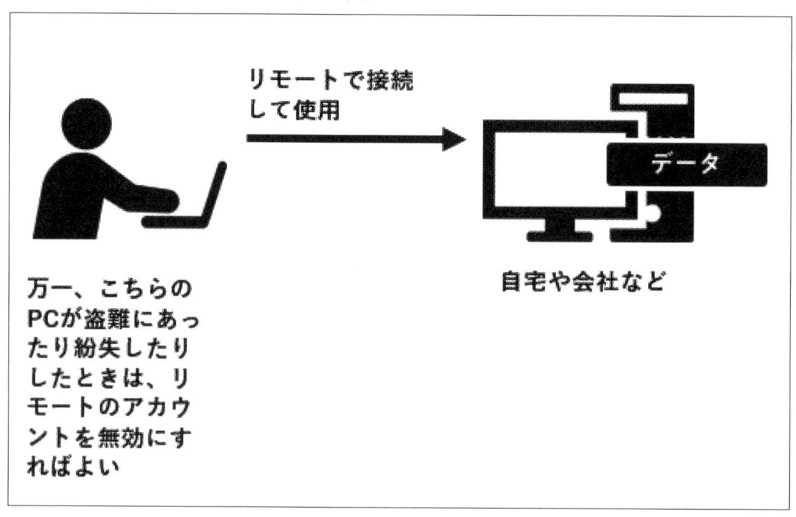

「リモートデスクトップ」で運用する

■会社の方針に従うこと

ここで挙げたもの、もしくは、これ以外にも、リモートワークのさまざまな小ワザがあると思いますが、大事なのは会社の指針に従うことです。

会社によっては、いくら便利なソフトやツールであっても、決められたもの以外はインストールしてはいけないという方針をとっているところも多いです。

これは安全のための方針なので、それに従わなければなりません。

実際、リモートワークでは、個人のPCの利用は禁止で、会社から支給されたPCで作業をするケースも多いです。

指示に従わずに情報漏洩などが起きると、たいへんなことになるので、リモートワークでは、いくら便利であろうとも、そうした点に充分注意することが重要です。

第3部

PCの小物選びの知恵

第3部では、「USBケーブル」や「SDカード」の規格について解説します。

規格の特徴や見分け方を知って、「通信用ケーブルが必要だったのに、充電用の製品を買ってしまった」「手持ちのSDカードを使おうとしたら読み込みできなかった」などといった、時間とお金の無駄を減らしましょう。

第12章

「USBケーブル」の種類と選び方

■勝田　有一朗

周辺機器との接続や、ノートPCやスマホの充電に欠かせない「USBケーブル」を、いろいろとチェックします。

12-1　増えすぎた「USBケーブル」の種類

■便利すぎて複雑に

パソコンと周辺機器の接続方法をシンプルに統一し、利便性を高めるために登場した「USB」。

その便利さは確かなもので、瞬く間に普及し役割を果たしてきました。

ところが、その便利さゆえに、いろいろな用途へ普及した結果、さまざまなコネクタ形状が派生したり、世代ごとに大きな性能差が生じるなど、USBを正しくつなぐにはユーザー側にも知識が求められるようになってしまいました。

さまざまな「USBケーブル」が使われている
ケーブル側のコネクタを「プラグ」と言い、機器側のコネクタを「レセプタクル」と言う。

そんな状況を是正しようと、コネクタ形状を一本化する「USB TypeC」が登場します。

ところが、USBの性能差や機能差自体は残ったままなので、こんどはコネクタの見た目は同じなのに性能や機能の異なる「TypeCケーブル」が氾濫する事態に。

結果として、余計に混乱を招いているのが昨今の実情でしょう。

これからの主流は「TypeC ケーブル」

このように複雑怪奇になってしまったUSBケーブル――特に「TypeCケーブル」について、知っておくとプラスになるポイントを紹介します。

■「TypeC ケーブル」を使用する主なインターフェイス規格

まず簡単におさらいとして、「TypeCケーブル」を使用するインターフェイス規格を次ページにまとめています。

これだけの規格が混在している上に、さらに給電能力による分類も加わるわけですから、「TypeCケーブル」のカオス具合が伺えます。

「TypeC ケーブル」に対応する規格

ケーブル	規格名	最大転送速度	最大ケーブル長	備考
TypeC-TypeC	USB 2.0	480Mbps	4.0m	すべてのTypeCデータ転送ケーブルは最低限USB 2.0をサポートしている
	USB 3.1 Gen1	5Gbps	2.0m	TypeA-TypeB/TypeCケーブルも同規格あり
	USB 3.1 Gen2	10Gbps	1.0m	
	USB 3.2 Gen1	5Gbps	2.0m	
	USB 3.2 Gen2	10Gbps	1.0m	
	USB 3.2 Gen2x2	20Gbps	1.0m	TypeC-TypeCケーブルのみ
	USB4 Gen2x2	20Gbps	1.0m	
	USB4 Gen3x2	40Gbps	0.8m	
	Thunderbolt 3	20Gbps	2.0m	パッシブケーブル
		40Gbps	0.8m	
		40Gbps	2.0m	アクティブケーブル（USBは2.0相当）
	Thunderbolt 4	40Gbps	2.0m	ユニバーサルケーブル

■「USB-IF認証ロゴ」で見極めよう

これだけさまざまな規格が入り乱れる「TypeCケーブル」ですが、いざ実物のケーブルを前にしたとき、どこを見て、規格を判別すればいいのでしょうか。

ある程度PCやスマホを触ってきたのならご存じだと思いますが、主にコネクタ部分に記されている「**USB-IF認証ロゴ**」で、ケーブルの規格は判断できます。

＊

なお、この「USB-IF認証ロゴ」は2022年10月に刷新されました。

従来は「SuperSpeed USB」といったブランド名を用いていましたが、今後は単純に転送速度を記していく形となります。

これから徐々に新しいロゴを用いたケーブルが増えていくでしょう。

新しい「USB-IF認証ロゴ」
左側が製品パッケージなどに記すロゴ、右側がケーブル自体に記すロゴ
（USB-IF Webサイトより）

12-2 「給電ケーブル」の選び方

■基本は「USB PD対応TypeCケーブル」

「TypeCケーブル」による給電は「USB PD」(USB Power Delivery)に則ったものが今では一般的です。

「USB PD」では電圧「5V」「9V」「15V」「20V」、電流「最大3.0A」または「最大5.0A」の組み合わせの電力を給電します。

「USB PD」対応のケーブルはたいてい、最大電流「3.0A」か「5.0A」のどちらかに属し、それぞれ「最大60W」「最大100W」まで対応した「USB PD対応TypeCケーブル」として販売されています。

スマホやタブレット、一般的なノートPCの給電用であれば「最大60W」で充分対応可能ですが、ノートPCによっては「最大100W」の「TypeCケーブル」と「USB PD充電器」を用意することで、より高速なバッテリ充電が可能となります。

また、給電用のケーブルにはある程度の長さや柔軟性があるといいですが、そうなると基本的に「USB 2.0」&「USB PD」対応ケーブルから選ぶことになるでしょう。

「USB 2.0」まででであればケーブル長も「最大4m」まで対応し、過剰なシールド処理などが不要となるので、しなやかなケーブルの製品も多くなります。

「KU-CC30」(サンワサプライ)
「USB 2.0」仕様で長さ3mの「USB PD対応TypeCケーブル」。
スマホを充電しながら使いたい場合はこれくらいの長さがほしい

■「最大240W」の給電に対応「USB PD EPR」

現在は「USB PD」の上位モードとして、「48V・5.0A」の最大「240W」まで供給可能な「USB PD EPR」(Extended Power Range)も登場しています。

まだ対応機器も少ないので今あえて選択する必要性はありませんが、いずれはハイパワーなゲーミングノートPCも「TypeC給電」で駆動するのが当たり前になるかもしれません。

■「USB PD非対応TypeCケーブル」の注意点

「USB PD」では給電の際、ケーブルに搭載されている「eMarker」チップに保存されたケーブルの素性データを読み取って、最大何Wの給電ができるかを判断します。

「eMarker」は「USB 3.1 Gen1」以上の高速転送や「3.0A」超の電流に対応する「TypeCケーブル」には必須のチップですが、逆に言うとそれ以下の「TypeCケーブル」には必須ではありません。

コスト削減した「eMarker」非搭載のケーブルは「USB PD非対応TypeCケーブル」として、100円ショップなどで見掛けます。

しかし「USB PD」において「eMarker」非搭載の「TypeCケーブル」は「最大3.0A」対応のケーブルとみなし、「USB PD 60W対応TypeCケーブル」と同じ挙動をとります。

つまり、「USB PD非対応TypeCケーブル」でも「USB PD 60W」として動作するのです。

ある意味お得と言えるかもしれませんが、保証のない動作のため、推奨はできません。

「USB PD非対応TypeCケーブル」でも「USB PD」対応の機器と充電器の間に挟むと強制的に「USB PD 60W」として動いてしまうことは憶えておきましょう。

12-3 「TypeC」で映像出力を使いたい

■「USB 3.x」以上の「TypeCケーブル」で対応

「TypeC」の大きな特徴として、「ディスプレイの映像出力」ができるというものがあります。

特にノートPCとモバイルディスプレイとの組み合わせにおいてケーブル1本で映像と電力を両方供給できるのは便利です。

「TypeC」の映像出力は「オルタネートモード」というUSB以外のデータを流すモードを利用しており、パソコン側に「USB-C DP Alt Mode」や「Thunderbolt 3/4」などと記された「TypeCコネクタ」が備わっていれば利用可能です。

もちろんケーブルのほうも「オルタネートモード」に対応した「TypeCケーブル」が必要となるのですが、実際どのような「TypeCケーブル」が映像出力に対応しているのか詳しく把握していない人も多いのではないでしょうか。

基本的に映像出力は「USB 3.x」の「TypeCケーブル」であれば対応しているハズです。

ただし、"基本的に""ハズ"と付けたのは、コストダウンのために結線を減らしてフルスペックを満たさない「TypeCケーブル」も見かけるからです。

結局のところ、ケーブルの仕様一覧に「オルタネートモード」「DP Alt Mode」「Full-Featured」といった文句が見つからない場合には、映像出力に対応しているかどうかの判別は難しく、ユーザーの口コミなどを頼るしかないのが現状です。

国内メーカーの「TypeCケーブル」の中には、本当は映像出力に対応しているのに仕様へ明記していない製品もいくつかありました。

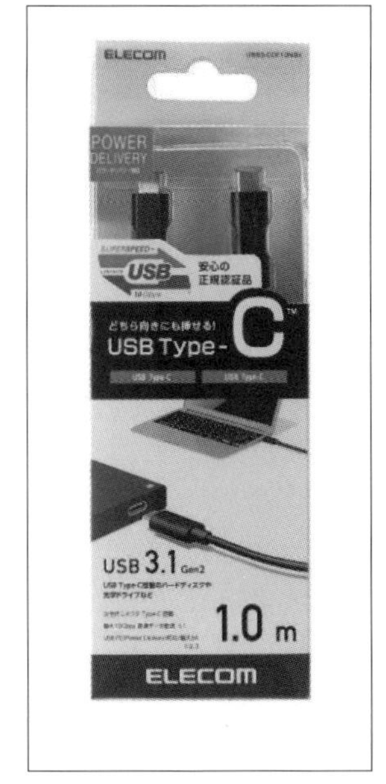

「USB3-CCP10NBK」(エレコム)
オルタネートモード対応を明記している「USB 3.1 Gen2 TypeCケーブル」

■長いケーブルは選択肢が少ない

映像用ケーブルといえば、パソコンとディスプレイの位置関係によっては「3m以上」のケーブルが必要になることも珍しくありません。

ところが「USB 3.x」の「TypeCケーブル」は規格上「2m」が最長です。
「3m以上」の「TypeCケーブル」を入手するにはどうすれば良いのでしょうか。

その手段は、主に次の3つがあります。

---

①アクティブケーブル
信号増強機能をもった「アクティブケーブル」を使う。
安定しているが高価。

②規格逸脱ケーブル
USB規格を逸脱した海外メーカーの長ケーブル。
安価だが安定性や実際に使えるかは未知数なので、口コミを参考に。

③延長ケーブル
安価な海外メーカーの延長ケーブルや、国内メーカーのリピーターケーブルなど、さまざまな延長ケーブルがある。
ただ、映像出力対応を明記している製品は少なく、「2m」を超えても使えるかは賭けの要素が強い。口コミを参考に。

＊

筆者としては、少々高価でもしっかり映像出力対応を明記している「アクティブケーブル」をお勧めしたいです。

「KC-ALCCA1450」(サンワサプライ)
映像出力対応を謳う「5m」の「TypeC アクティブケーブル」

12-4 「USB」を内包する「Thunderbolt」

■「Thunderbolt 3 アクティブケーブル」に注意

「TypeCケーブル」を使うUSB以外の規格が「Thunderbolt 3/4」です。

「Thunderbolt 3」は、「USB 3.x」と互換性をもつ上位規格のような存在で、「Thunderbolt 3」の「TypeCケーブル」は、それだけで自動的に「USB 3.x」のフル規格を満たしています。

ただ、「最大2m」のケーブル長を実現する「Thunderbolt 3 アクティブケーブル」は別で、こちらのUSB互換機能は「USB 2.0」相当にまで下がります。

「Thunderbolt 3 ケーブル」を映像ケーブルとして使いたい場合は、パソコンとディスプレイ双方が規格対応のものでなくてはなりません。

「USB-C DP Alt Mode」のコネクタに「Thunderbolt 3 アクティブケーブル」を挿しても映像出力できないので注意が必要です。

「USB 3.x」相当として使える「Thunderbolt 3 ケーブル」は、「最大0.8m」のパッシブケーブルのほうのみである点は、憶えておいたほうがいいでしょう。

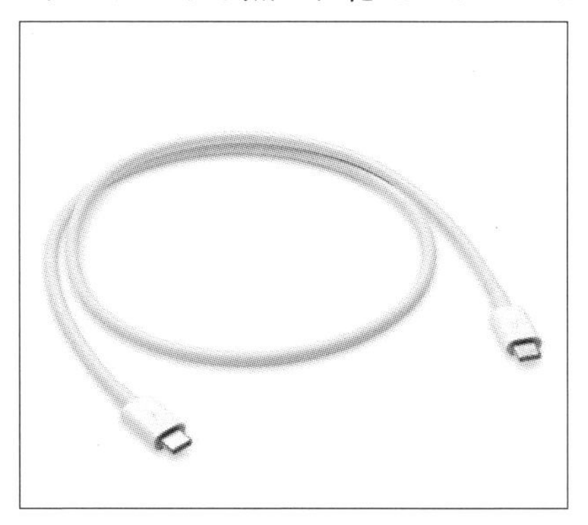

「Thunderbolt 3(USB-C)ケーブル(0.8m)」(Apple)
「USB 3.1 Gen 2」に対応した「0.8m」の「Thunderbolt3ケーブル」

■すべてを解決する「Thunderbolt 4 ケーブル」

上記の「Thunderbolt 3」の問題を解決した、完全無欠の「TypeCケーブル」が**「Thunderbolt 4 ケーブル」**です。

「Thunderbolt 4」では、パッシブとアクティブを統一した**「ユニバーサルケーブル」**を採用しています。

「2m」の長さでも「USB4/3.x」と互換性を保っているのが、いちばんの改善点で、本当の意味での全部入りケーブルとなります。

少々値は張りますが「TypeC」の全機能に対応したケーブルとして「Thunderbolt 4 ケーブル」を1本もっておくのは悪くない選択です。

「Cable Matters Active Thunderbolt 4 ケーブル」(Cable Matters)
「2m」の「Thunderbolt 4 ケーブル」。「Thunderbolt 3」「USB4」との互換性をもつ。

第13章

「SDカード」の規格

■初野　文章

USB以上にカオスな規格をご存じでしょうか。
それは、皆さんが、よく利用しているであろう、「SDカード」です。
本章では、「SDカード」の規格について、探ってみましょう。

13-1 そもそも「SDカード」とは？

「SDカード」に類する規格では、多数の「規格」「仕様」が存在します。
これらの規格を正しく理解して使わないと性能を発揮できなかったり、ビデオカメラなどでは、動作しないこともあるのです。

「SDカード」には、「ライセンス」「容量・フォーマット規格」「カードサイズ」「転送速度」「端子規格+メモリ&コントローラーチップの性能」などの違いがあります。
中には、規格は上位なのに対応した新製品が出ず、下位規格の新製品のほうが転送速度が速い、といった製品すらあります。

なぜ、このようなカオス状態になっているのでしょうか。
それは、「SD」という規格そのものが、独自の規格ではなく、他の規格に付随・補強する目的で作られた、派生的な規格だからです。

13-2 「SDカード」の規格

現在まで「SDカード」が生き残ってきたポイントとして、目的別に大きさの異なるカードを提供したり、性能がユーザーに分かりやすい「スピードクラス」などを導入したことが挙げられます。

特にビデオカメラなどでは、「解像度」や「圧縮率」によって、必要な最低転送速度が決まってくるため、書き込みが間に合わないと録画は止まってしまいます。

利用する機器側で必要な「スピードクラス」を示せば、それに合ったカードを選べば、失敗がない、という構図です。

なお、かつては「SDIO」を利用したSDカードサイズの周辺機器(無線LANアダプタやGPSなど)がありましたが、現在では姿を消しています。

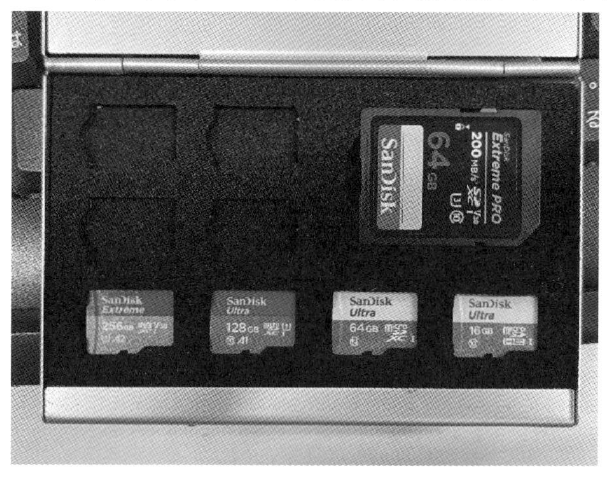

SDカードにもいろいろある

■カードの大きさ

初期の「SDカード」は、切手大のサイズで登場しました。

これでも、当時は充分小さなカードでしたが、スマホやDAPのような小型の装置には大きすぎたため、2/3程度の大きさの「**miniSDカード**」が登場しました。

ただ、この程度の小型化では中途半端であり、あまり普及しないままに、より小さな「microSDカード」に置き換わっています。

「miniSDカード」も「microSDカード」も、アダプタを用意すれば、より大きいスロットで利用できる点も、利便性が高かったと言えます。

「3D NAND」が普及したおかげで、容量だけならば「microSDカード」でも充分です。
しかし、高負荷で連続使用すると、発熱して性能低下したり、データが消えてしまうこともあります。

転送速度の面でも不利なため、従来の「SDカード」も利用され続けています。

■「容量」の差

「SDカード」はHDDなどと異なり、仕様を簡略化しているため、「最大容量」などが明確に決まっています。
これによって、コントローラーチップの生産コストや互換性が高まるメリットが出てきます。

初期の「SDカード」(SDSC-SD Standard Capacity)は、「FAT16」フォーマットだったため、最大容量は「2GB」とされていました。

> ※規格外でなら、より大きな製品もありました。
> また、PCなどで、標準外のフォーマットを行なうことも可能です。

しかし、デジタルカメラの高性能化で、すぐに容量が足りなくなり、上位規格「SDHC」(SD High Capacity)が2006年に登場します。

「SDHC」では「FAT32」が標準フォーマットとなったため、「32GB」まで利用できるようになりました。
利用するハード側で下位互換はありますが、逆はないため、通常、「SDSC」の機器で「SDHC」などの上位規格を使うことはできません。

*

その後、さらに大容量の「SDXC」(SD eXtended Capacity)が2009年に登

場しますが、コストや技術的な問題から、しばらくの間、容量不足がメモリカードの懸案となった時期がありました。

「SDXC」では「exFAT」が採用されましたが、最大容量は「2TB」となっています。

かつては「SDXC」の容量をすぐに超えることは難しいと考えられていましたが、「3D NAND」の登場で大容量化の目途が立ち、「テラバイト」クラスの「SDカード」がすでに販売されています。

そこで、さらなる上位規格として、「128TB」まで対応する「SDUC」(SD Ultra Capacity)が2018年に採用されました。

SDUC(SDアソシエーション公式サイトより)

しかし、容量が増えれば、転送時間も長くなるため、現在はピン数を増やした、「UHS-II・III」「SD Express」などの拡張規格でしのいでいます。

これ以上の大容量化については、転送速度が追い付かなくなるため、規格そのものを見直す必要が出てくるでしょう。

■「バス・インターフェイス」の差

「SDカード」の規格に付帯される形で、「転送速度」に関する規格があります。

1つは、「バス・インターフェイス」としての規格です。
これは物理層の問題なため、最大性能を出すためには、使う機器とカードの両方での対応が必要です。
あくまでも「バスの速度」なので、メモリカードとしての実速度ではないことに注意が必要です。

最初の規格では最大転送速度は「12.5MB/s」でしたが、2004年に「HS(ハイスピード)モード」が登場し、「25 MB/s」に増速されました。

このころは、何倍速(CD-ROMの1倍速150 KB/sに対して)という表記が多かったため、「HS」を記憶している人は少ないかもしれません。

*

次に登場したのは、2010年に登場した「UHS-I」で、現在主流の規格です。
ローマ数字で「I」と書かれています。

あまり知られていませんが、「UHS-I」には4つの転送モードがあり、それぞれ「12.5 MB/s」「25 MB/s」「50 MB/s」「104 MB/s」となっています。
しかし、これらについて記載されている製品はほとんど見かけません。

このため、仕様書に記載がない場合は、「最大転送速度」や「スピードクラス」から推察するしかありません。

*

その後、「4Kカメラ」や「高解像度カメラ」の登場で、「UHS-I」では速度が不足するようになってきます。

そこで、ピン数を増やした「UHS-II・III」が登場しました。

それぞれ、「312 MB/s」「624 MB/s」が最大速度となっていますが、このクラスでは業務ユーザーが多いため「Cfexpress」を利用する場面が多く、あまり製品は多くありません。

*

そして、さらなる高速規格として「PCIe」と「NVMe」を採用した「SD Express」が登場しています。
最大速度は「3940 MB/s」とされていますが、「UHS-II・III」と追加のピン配列が異なるため、併用できません。

「SDカード」は規格を分かりやすくすることも、1つの目的だったと思われますが、現在は、ハイエンドになるほど複雑怪奇で、分かりにくい規格になってしまっています。

■「スピードクラス」の差

「**スピードクラス**」は、カードの「**最低保証速度**」を示したものです。

初期の「スピードクラス」は、そのまま最低保証速度を示していました。
「C」の中に数字が入り、「10」なら「10 MB/s」ということになります。

スピードクラス
(SDアソシエーション公式サイトより)

「スピードクラス」は、「2,4,6,10」が用意されていましたが、現在の製品は、ほぼすべて「10」になっています。

＊

「HD」や「4K動画」の撮影では、旧来の「スピードクラス」で表現できなくなったため、「UHS-I」に合わせ、「**UHSスピードクラス**」が登場しました。

UHSスピードクラス
(SDアソシエーション公式サイトより)

「UHSスピードクラス」は、「UHSスピードクラス1」と「3」が利用されていて、それぞれ、「10 MB/s」「30 MB/s」となっています。
記号は、「U」の中に数字が入ります。

＊

ただ、「UHSスピードクラス」では、まだ大雑把なため、「**ビデオスピードクラス**」というものも決まっています。
「V60」などと表記し、この場合「60MB/s」ということになります。

「V6,V10,V30,V60,V90」がありますが、完全に仕様を満たそうとすると高額な製品になってしまいます。

ビデオスピードクラス
(SDアソシエーション公式サイトより)

コストダウンのため、書き込み速度と読み出し速度で大きく異なる製品も増えたため、現在は転送速度をそのまま記載している製品も増えています。

13-3 規格だけでは語れない性能

「SDカード」は、HDDやSSDと同様、「バス規格」「転送規格」「キャッシュ容量と速度」「コントローラの性能」「メモリそのものの速度」などの要素の組み合わせで、実際の性能が変わってきます。

しかし、「バス規格」「転送規格」は、製品に記載があるものの、それ以外の仕様は、非公開であることがほとんどです。

このため、製品グレードと製品パッケージに記載される「リード性能」と「ライト性能」の表記から、その他の性能を推察するしかありません。

■製品グレードの差

ほとんどの製品で「エントリー」「ハイエンド」「プロモデル」「産業用」と、マルチグレード展開がされています。

これは、フラッシュメモリには転送速度の差と書き込み寿命が存在することで、性能・寿命とコストが直接的に影響するためです。

＊

「エントリーモデル」では、短期間で寿命に達してしまうことや、放熱性が弱くオーバーヒートして止まってしまうこともあります。

一時ファイル置き場なら「エントリーモデル」でもいいと思いますが、撮影などでは、「ハイエンド」以上の製品を選びたいものです。

＊

業務ユーザーでは「プロモデル」の使用が必須と言えます。
大容量の製品は高コストになるので、小容量のプロモデルを複数枚使いまわすのもいいかもしれません。

「Raspberry Pi」や「ドライブレコーダ」などでは書き込みが多発するため、プロ用モデルでもすぐに寿命に達してしまいます。
なので、寿命を強化した「産業用モデル」を利用するといいでしょう。

■「フラッシュメモリ」の寿命

「フラッシュメモリ」は、高い電圧をかけて、電子を押し込むことで、書き込みをします。

このとき、「メモリセル」が徐々に劣化していき、最後には電子を保持できなくなってしまいます。

多くの製品でHDD同様に「代替え領域」があるので、すぐに使えなくなることはありませんが、「代替え領域」を使い切れば、「データエラー」や「クラッシュ」といった障害につながります。

安価な製品では、「メモリセル」の強度に加え、この「代替え領域」が少ない場合が多いと言えます。

加えて、大容量化のため、1つのセルに複数ビット格納する「MLC/TLC/QLC」や「3D NAND」が普通に利用されています。

安価で大容量の製品ほど、一度に格納するビット数が増えますが、そのぶん「メモリセル」の寿命は低下します。

中には、数百回の書き込みで寿命に達することもあります。

実際には数十回で寿命に達することがありますが、これは、ファイルの管理領域のみが、多数書き換えられ、想定以上に劣化が進むことがあるからです。

■流通経路・生産ロットによる信頼性の差

もう1つ、信頼性に影響するのが「流通経路」です。

カメラやPCなども、販売店によって信頼性に差があることがありますが、これは、流通時の保管状態や、そもそも、製造段階で部品が違う場合があるからです。

これによって、同一製品でも実売価格が大きく変わってくるのです。

「SDカード」の場合、「国内正規品」と「並行輸入品」が流通しています。

「並行輸入品」は、船便が多く、輸送時の劣化が起きやすいと言えます。

また、生産国も国内品と異なる場合があります。

「フラッシュメモリ」は鮮度が重要なので、信頼できる販売店で、可能であれば「国内正規品」を購入すべきです。

*

また、「並行輸入品」では「偽造品」も横行しています。

リネームだけならまだいいのですが、容量偽装やウィルス入りということもあります。
容量偽装の場合は、データが壊れるだけでなく、接続した機器がクラッシュする可能性もあるので、要注意です。

索引

数字記号順

アルファベット順

五十音順

《執筆者一覧》

本間一	1章、9-10章
鈴木伸介	2-3章
清水美樹	4章、6章
パソコン修理のエヌシステム	5章
ぼうきち	7章
英斗恋	8章
大澤文孝	11章
勝田有一朗	12章
初野文章	13章

本書の内容に関するご質問は、

①返信用の切手を同封した手紙
②往復はがき
③FAX (03) 5269-6031
（返信先のFAX番号を明記してください）
④E-mail editors@kohgakusha.co.jp

のいずれかで、工学社編集部あてにお願いします。
なお、電話によるお問い合わせはご遠慮ください。

サポートページは下記にあります。

［工学社サイト］
http://www.kohgakusha.co.jp/

I/O BOOKS

パソコン作業をスピードアップ!　PC時短知恵袋

PCの処理速度向上、Wi-Fiの賢い使い方、ChatGPTでメール作成

2023年 6 月30日　初版発行　ⓒ2023

編　集　I/O編集部
発行人　星　正明
発行所　株式会社工学社
〒160-0004 東京都新宿区四谷4-28-20 2F
電話　(03)5269-2041(代)［営業］
　　　(03)5269-6041(代)［編集］
振替口座　00150-6-22510

※定価はカバーに表示してあります。

印刷：(株)エーヴィスシステムズ　ISBN978-4-7775-2258-3